Taoufik Harizi
Slah Msahli
Faouzi Sakli

Les poils du dromadaire tunisien

Taoufik Harizi
Slah Msahli
Faouzi Sakli

Les poils du dromadaire tunisien

De la fibre au fil

Presses Académiques Francophones

Impressum / Mentions légales

Bibliografische Information der Deutschen Nationalbibliothek: Die Deutsche Nationalbibliothek verzeichnet diese Publikation in der Deutschen Nationalbibliografie; detaillierte bibliografische Daten sind im Internet über http://dnb.d-nb.de abrufbar.

Alle in diesem Buch genannten Marken und Produktnamen unterliegen warenzeichen-, marken- oder patentrechtlichem Schutz bzw. sind Warenzeichen oder eingetragene Warenzeichen der jeweiligen Inhaber. Die Wiedergabe von Marken, Produktnamen, Gebrauchsnamen, Handelsnamen, Warenbezeichnungen u.s.w. in diesem Werk berechtigt auch ohne besondere Kennzeichnung nicht zu der Annahme, dass solche Namen im Sinne der Warenzeichen- und Markenschutzgesetzgebung als frei zu betrachten wären und daher von jedermann benutzt werden dürften.

Information bibliographique publiée par la Deutsche Nationalbibliothek: La Deutsche Nationalbibliothek inscrit cette publication à la Deutsche Nationalbibliografie; des données bibliographiques détaillées sont disponibles sur internet à l'adresse http://dnb.d-nb.de.

Toutes marques et noms de produits mentionnés dans ce livre demeurent sous la protection des marques, des marques déposées et des brevets, et sont des marques ou des marques déposées de leurs détenteurs respectifs. L'utilisation des marques, noms de produits, noms communs, noms commerciaux, descriptions de produits, etc, même sans qu'ils soient mentionnés de façon particulière dans ce livre ne signifie en aucune façon que ces noms peuvent être utilisés sans restriction à l'égard de la législation pour la protection des marques et des marques déposées et pourraient donc être utilisés par quiconque.

Coverbild / Photo de couverture: www.ingimage.com

Verlag / Editeur:
Presses Académiques Francophones
ist ein Imprint der / est une marque déposée de
OmniScriptum GmbH & Co. KG
Heinrich-Böcking-Str. 6-8, 66121 Saarbrücken, Deutschland / Allemagne
Email: info@presses-academiques.com

Herstellung: siehe letzte Seite /
Impression: voir la dernière page
ISBN: 978-3-8416-3067-4

Sommaire

Chapitre 3: Processus de transformation de la matière

Préface

Les fibres textiles sont les matières premières utilisées directement ou indirectement dans la production des étoffes textiles. Ces dernières sont destinées à la confection des articles pour l'habillement, l'ameublement ou à certains besoins industriels.

Les aspects de mode associés au confort donné par un toucher agréable, une légèreté et une isolation thermique considérable favorisent l'utilisation des fibres animales. Ceci permet à ces fibres de tenir une place tout à fait particulière bien qu'elles ne représentent que moins de 5% de la consommation mondiale en fibres textiles.

Parmi ces fibres protéiniques, on trouve les poils de dromadaire, considérés comme l'une des matières premières les plus appréciées de l'industrie textile. Les produits en poils de dromadaire sont légers, doux, chauds et confortables à porter grâce à la finesse et à la douceur de la fibre. La rareté de ces poils rend aussi cette matière première très onéreuse.

En Tunisie, le dromadaire "*camelus dromadarius*" constitue une source de viande, de lait, de cuir et de poils pour plusieurs habitants des régions du sud. Cependant, le poil de dromadaire n'est actuellement exploité qu'à l'échelle artisanale. En plus, l'évaluation du potentiel textile des poils de dromadaire est un domaine d'investigation qui n'a été que peu abordé comme en témoigne le faible nombre d'articles et d'ouvrages sur le sujet. Ainsi, ce livre, qui résume les résultats des travaux de recherche menées au sein du Laboratoire de Génie Textile de l'ISET de Ksar Hellal, Université de Monastir, durant les dix dernières années dans ce domaine, permet une meilleure compréhension du comportement de la fibre de dromadaire et par conséquent l'apport d'éléments de réponse pour une éventuelle exploitation à l'échelle industrielle. Aussi, cet ouvrage sera utile pour les filateurs et les investisseurs intéressés par l'exploitation industrielle de cette fibre et le marketing des produits en poils de dromadaire.

Nous tenons à souligner que ce livre n'est pas destiné à être un vaste document, y compris une référence à chaque publication de travaux de recherche pertinents; au contraire, notre objectif a été de fournir un bagage de connaissances et la compréhension du sujet, dont une grande partie est peu probable d'être changer radicalement au court du temps, et qui va donc servir de base pour une étude plus détaillée par des références de littérature en cours.

Dans le premier chapitre, nous apporterons des précisions concernant le dromadaire tunisien en le situant par rapport aux autres fibres textiles. Ceci permettra d'élaborer une base de données basée sur des données historiques, géographiques, techniques et économiques liées à la fibre de dromadaire. Aussi, des caractéristiques de la toison de dromadaire seront apportées.

Le deuxième chapitre présentera les propriétés morphologiques et physiques de la fibre de dromadaire qui sont essentielles pour sa transformation industrielle. Nous fournirons également des précisions concernant les propriétés chimiques et mécaniques de cette fibre.

Dans le troisième chapitre dédié à la transformation des poils de dromadaire, nous nous intéresserons essentiellement au processus de filature pour la production d'un fil en poil de dromadaire. Etant donné que le déjarrage représente la phase clé de toute transformation des fibres de dromadaire, nous apporterons une plus ample information concernant cette technique.

Je remercie les rapporteurs de cet ouvrage qui, après avoir lu avec soin et en détail le manuscrit, ont émis des remarques judicieuses et très précises permettant d'éviter des erreurs et d'améliorer le texte.

Chapitre 1 : Caractéristiques de la toison de dromadaire

I – Introduction

La nature, de tout temps, a été la principale source de matériaux textiles. L'Homme a ainsi, depuis les temps les plus reculés, filé et tissé ces matériaux afin de répondre à ses besoins de protection et en particulier de protection thermique.

Les matériaux d'origine végétale ou animale ont été profondément modifiés par l'Homme pour les adapter à son environnement et à ses besoins spécifiques. Ceci a entraîné une réduction du nombre d'espèces utilisées mais une amélioration de leurs qualités.

A partir de cette gamme relativement large, l'Homme pourra trouver le matériau textile répondant aux critères spécifiques qu'il recherche.

I. 1 – Matières textiles d'origine végétale

Rien que pour les végétaux, c'est par dizaines que se comptent les espèces susceptibles de fournir la matière première pour la fabrication de fils et de tissus. La plupart en fournissent effectivement, mais le plus souvent de façon très limitée et tout à fait locale (Alix, A. et A. Gibert, 1956).

1

Les véritables matières textiles d'origine végétale se composent de deux catégories. D'une part les *fibres courtes* dont la matière soyeuse tantôt tapisse l'intérieur de fruits comme celui du bombax, du ceïba, et d'une manière générale tous les fruits à kapok, tantôt garnit extérieurement les fleurs ou les graines, comme celles du coton et, d'autre part, les *fibres longues* extraites des feuilles et des tiges qui donnent peut-être des tissus moins isolants mais résistants.

Une partie de ces fibres est obtenue à partir de feuilles de certaines plantes comme le phormium tenax ou le lin de Nouvelle-Zélande, les agaves, l'alfa, les bananiers, certains palmiers, soit cocotiers soit palmiers nains, dont proviennent le crin végétal et le raphia avec ses variétés multiples. Les autres s'extraient des tiges de certaines plantes dicotylédones spéciales et les fibres les plus importantes de cette catégorie sont la ramie, le jute, les chanvres divers et les lins.

Rappelons ici que le vocabulaire botanique et le vocabulaire technologique ne s'accordent dans ce contexte que très imparfaitement, et qu'il y a lieu de distinguer entre le nom usuel ou scientifique des espèces et le nom textile des fibres. Par exemple, la ramie, le jute, le chanvre et le lin sont en réalité des termes de technique textile recouvrant des espèces florales différentes.

I.2 – Matières textiles d'origine animale

Dans les matériaux textiles d'origine animale, on distingue deux grandes familles de fibres ; les poils d'animaux du type de la laine et les secrétions du type de la soie, deux termes génériques qui s'appliquent à des produits d'espèces animales fort variées.

I. 2. 1 – La soie

La soie peut se définir comme un matériau textile provenant d'une sécrétion solidifiée d'araignées ou d'insectes dans leur phase de larves dites vers comme par exemple le Bombyx mori dont les plus grands producteurs se trouvent en Asie (Msahli S. 2002).

La soie se présente sous forme d'un filament continu, lisse et avec des qualités inégalées de souplesse, de résistance et de brillance. Mais c'est un mauvais protecteur thermique.

I. 2. 2 – La laine

Généralement, l'appellation « laine » est donnée presque à toutes les fibres d'origine animale employées dans le domaine textile, ce qui n'est pas toute à fait vrai puisque ce terme est réservé exclusivement à la fibre provenant de la toison des divers ovins (moutons). En conséquence, l'industrie textile utilise plusieurs types de fibres animales qui peuvent être classées en trois grandes familles:

- Les ovins : les moutons de diverses races.
- Les caprins : les chèvres.
- Les camélidés : animaux ruminants comme le lama, la vigogne, le chameau et le dromadaire.

Les moutons sont pratiquement les seuls animaux à fournir de la vrai laine, tandis que les caprins et les camélidés donnent des duvets et des poils de longueurs différentes. Ces fibres sont connues sous le nom de "fibres animales spéciales".

I. 2. 3 – Les fibres animales spéciales

A part les fibres obtenues à partir de diverses races de moutons, une large quantité de fibres animales ne sont pas classées en tant que laine mais sont connues en tant que fibres animales spéciales. Ces fibres sont utilisées en mélange avec la laine avec divers pourcentages pour produire des effets spéciaux ou donner d'autres aspects relatifs à la beauté, à la couleur, à la douceur, au drapé ou au lustre.

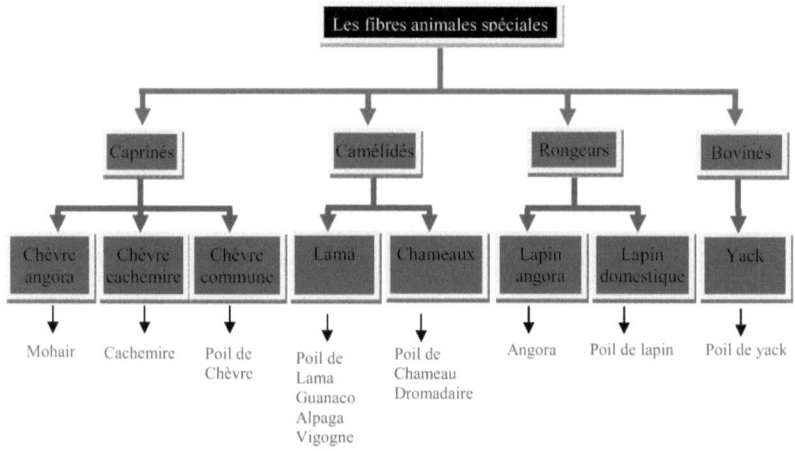

Figure 1.1 : Classification des fibres animales spéciales selon leur origine.

Il existe une grande variété de poils kératiniques à savoir les poils de l'Alpaga, du Lama, du Chameau, du Cachemire, du Mohair, du Lapin angora, du Yack, du Guanaco, etc. Ces poils peuvent être classés suivant leur origine comme le montre la figure 1.1 ci-dessus ; nous énumérons les fibres spéciales qui ont le plus d'importance commerciale dans le monde.

- Le cachemire

Le cachemire est défini comme étant les fibres de la toison de la chèvre Cachemire (photo 1.1) qui se trouve en Chine, en Mongolie, en Iran et en Afghanistan. Les couleurs naturelles du cachemire sont le gris, le marron et le blanc. Les fibres fines de cachemire, le duvet, ont un diamètre moyen de 13 à 16 micromètres et des longueurs de 2,5 à 9 cm, alors que les fibres grossières situées à l'extérieur de la toison de l'animal ont souvent plus de 50 micromètres de diamètre et de longueurs de 4 à 20 cm (Domestic Goat, 2009 ; Frank R. R, 2001).

4

Photo 1.1 : La chèvre Cachemire (Domestic Goat, 2009).

Photo 1.2 : La chèvre Angora (Domestic Goat, 2009).

Chaque chèvre produit entre 100 et 160 g des fibres fines de cachemire. La production annuelle dans le monde est d'environ 10000 tonnes.

- Le mohair

Le mohair est le nom donné aux fibres obtenues à partir de la toison de la chèvre Angora (photo 1.2) qui a pour origine les montagnes de l'Himalaya en Asie et la migration s'est ensuite effectuée vers l'Asie mineure. Le nom Angora a pour origine la province d'Angora en Turquie où ces chèvres sont élevées depuis des siècles. La toison d'une chèvre Angora pèse de 2 à 3 Kg. Les meilleures fibres de Mohair ont un diamètre d'environ 25 à 29 μm (Frank R. R, 2001).

- Les poils de chameau

La dénomination poil ou fibre de chameau recouvre les fibres provenant du chameau ou du dromadaire. Il existe deux catégories de fibres de chameau : le duvet intérieur qui est doux et dont la longueur moyenne des fibres est de 4 à 5 cm et le diamètre moyen est de 10 à 30 micromètres et les poils extérieurs, de plus fort diamètre et de toucher plus rugueux. Ces fibres ont une longueur moyenne d'environ 15 cm et un diamètre moyen de 30 à 120 micromètres. Le poids moyen de la toison d'une femelle adulte est de 3,5 Kg tandis que ce du mâle est le double de cette quantité. La

5

production annuelle dans le monde ne dépassant pas les 3500 tonnes (Frank R. R, 2001 ; Russel, K. P. 1977).

Bien entendu, les fibres les plus chères sont celles du duvet et les produits textiles obtenus à partir de ces fibres ont d'excellentes propriétés de douceur, chaleur et drapé.

- Alpaga, Lama, Guanaco et Vigogne

Les fibres d'Alpaga, Lama, Guanaco et Vigogne proviennent respectivement de l'Alpaga, du Lama, du Guanaco et du Vigogne qui sont tous de la famille des camélidés d'Amérique du sud (voir photos 1.3 à 1.6).

Les Alpagas ont des toisons de 2 à 3 Kg de fibres d'environ 23 à 30 µm de diamètre et une longueur de 20 à 25 cm. La production totale annuelle est comprise entre 4000 et 5000 tonnes.

Le Lama présente une toison de fibres contenant souvent de grosses jarres difficiles à séparer du duvet plus fin. La masse de la toison est de 2 à 5 kg. La tonte de l'animal est souvent effectuée tous les deux ans. La longueur des fibres varie de 80 à 250 mm et le diamètre est compris entre 19 et 38 µm. La production mondiale de cette fibre est d'environ 2600 tonnes.

Le Guanaco vit à l'état sauvage, il faut le chasser et l'abattre pour obtenir sa toison composée de fibres de diamètre allant de 14 à 18 micromètres. La production annuelle est d'environ 10 tonnes.

La Vigogne présente un duvet qui se compose de fibres ultrafines de 12 à 15 µm de diamètre, généralement d'une couleur brune et d'environ 2,5 cm de longueur (Russel, K. P. 1977 ; Denton M. J., Daniels P. N. 2002).

Photo 1.3 : Alpaga (Domestic Goat, 2009).   Photo 1.4 : Lama (Frank R. R, 2001).

Photo 1.5 : Vigogne (Frank R. R, 2001).   Photo 1.6 : Guanaco (Frank R. R, 2001).

L'importance de ces poils est liée essentiellement aux propriétés physiques et mécaniques de ces fibres. Dans le tableau 1.1 ci-dessous sont indiquées les dimensions de quelques fibres animales.

D'une manière générale, le diamètre moyen des fibres animales spéciales est parmi les plus petits diamètres connus des fibres naturelles. La fibre de chameau (duvet) présente des caractéristiques de diamètre et de longueur très proches de celles de la laine mérinos.

Tableau 1.1 : Les dimensions de quelques fibres animales (Farnfield C.A., Perry D.R. 1985 ;
Belleli, T. 1982).

	Diamètre moyen (μm)	Longueur moyenne (mm)
Laine Mérinos	18-27	35-90
Mohair Kid	25-26	100-150
Mohair adulte	30-35	250
Cachemire duvet	13-16	26-75
Cachemire poil chinois	79	75-100
Cachemire persan	86	75-100
Lama	28-30	250-300
Alpaga	26-37	100-300
Vigogne	13-14	35-75
Chameau duvet	20	25-125
Chameau (fibre grossière)	plus que 120	375

II – Caractéristiques des fibres animales spéciales

Les propriétés physiques, chimiques et mécaniques des fibres de laine ont été sujettes à des études étendues alors que pour les fibres animales spéciales (mohair, cachemire, chameau,…) les recherches sont très limitées comme le montre le faible nombre de références bibliographiques. Nous essayerons dans cette partie d'explorer les différences et les similitudes dans les caractéristiques des fibres animales spéciales et celles de la laine.

II. 1 – Structure physique et chimique des fibres animales spéciales

Bien qu'il existe des différences dans la composition morphologique et chimique des laines et d'autres fibres animales spéciales, il y a des similitudes de base.

8

II. 1. 1 – Structure physique

Le schéma de la figure 1.2 présente la structure physique ou morphologique d'une fibre fine typique de laine. Toutes les fibres animales ont une structure composée semblable ; les différences principales résident dans la forme et l'arrangement des cellules externes de la cuticule et l'existence d'un noyau central dans beaucoup de fibres animales spéciales.

La surface externe des fibres animales se compose des cellules cuticulaires (écailles) qui se recouvrent comme des tuiles d'un toit pour donner la gamme bien connue des structures extérieures distinctives des diverses fibres. L'épaisseur de la cuticule s'étend de 1 à 2 écailles pour les fibres fines telles que la laine, le cachemire et le mohair, jusqu'à 8 à 10 cellules de cuticule pour des fibres plus grossières telles que les cheveux humains ou les jarres des animaux.

La cuticule des fibres animales est évidemment de grande importance pratique puisqu'elle forme l'interface entre la fibre et l'environnement. Il y a très peu d'informations concernant la morphologie extérieure des fibres animales spéciales, mais nous pouvons extrapoler notre connaissance de la fibre de la laine. La couche externe enveloppant la cuticule appelée l'epicuticule dont l'épaisseur est juste de quelques nanomètres présente une importance particulière. Elle se compose d'une matière riche en kératine (protéine) caractérisée par une résistance chimique élevée et jouant un rôle principal dans toutes les propriétés extérieures.

La surface de l'epicuticule est couverte par une mini couche (probablement une monocouche) d'acide gras de structure chimique inhabituelle (Leeder, J.D. and al, 1985). La quantité de cet acide gras est différente pour des fibres de cachemire et de mohair, et cette différence a été proposée comme méthode pour différencier entre de diverses fibres animales spéciales (Rivett, D.E. and al, 1988).

La cuticule constitue 10 à 20% du poids d'une fibre et fournit une couche protectrice dure de la masse majoritaire (80 à 90%) de la fibre, qui se compose de longues cellules corticales fusiformes (et, bien sûr, les cellules médullaires quand elles sont présentes).

Les cellules corticales se composent de deux types appelés Ortho et Para avec des propriétés physiques et chimiques légèrement différentes. Ceci a une grande importance chez les fibres animales. Quand celles-ci sont arrangées bilatéralement, elles sont responsables de la formation de la frisure dans les fibres fines. La frisure confère le volume, la résilience, la chaleur et le confort aux produits textiles.

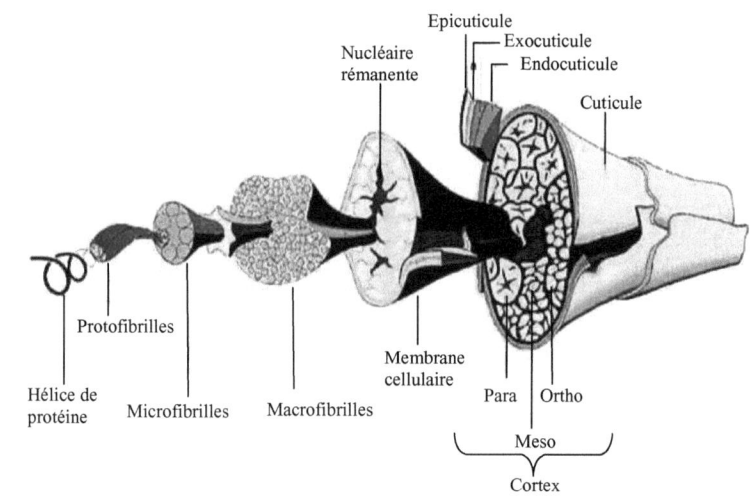

Figure 1.2 : Structure de la laine (Frédérique S., 2008).

Kulkarni V.G. (1975) a remarqué que l'ortho cortex du mohair était différent de celui de la laine. Tester, D.H. (1987) avait utilisé le microscope électronique à transmission pour étudier la structure fine du cachemire et de la laine Mérinos superfine. A un agrandissement très élevé, on remarque que le cachemire a une prédominance de cellules ortho et méso. Les cellules de Mésocortex ont une structure intermédiaire entre les cellules Ortho et Para. Cependant, la laine a une prédominance de cellules ortho et para. La plupart des fibres peuvent être distinguées par ce moyen. Le cachemire, avec les cellules méso, présente des microfibrilles sous forme de paquets bien ordonnés et avec une importante densité comparativement à la laine de même diamètre, et ceci peut être associé à la faible frisure présentée par la fibre de cachemire.

Tucker, D.J.et al, (1990) ont étudié la structure physique d'une gamme de fibres animales spéciales, souillées avec de l'acide phosphotungstique, avec un faible agrandissement et en utilisant le microscope électronique à transmission (MET). Les échantillons provenant de différentes chèvres et aussi de métis de cachemire et d'angora ont contenu une gamme de structures allant de "bilatéral classique" à "non-bilatéral". Quelques fibres contenaient seulement des cellules ortho. En outre, un échantillon de métis d'angora/cachemire n'a contenu aucune fibre bilatérale. Les fibres de chameau, de yaks mongols, de guanaco et de vigogne ont toutes une structure bilatérale bien qu'elle ait été moins évidente avec la vigogne. Ni le mohair ni l'alpaga n'avaient une structure bilatérale et il était difficile de classifier le lama.

Satlow, G. (1965) a récapitulé une grande partie de la recherche morphologique effectuée sur le cachemire avant 1965. Il a conclu de ses propres études que le cachemire mongol était bilatéral et, qu'en moyenne, la quantité de matière en cellules para dans le cachemire était moins que dans les laines. Leeder JD, et al. (1998) a effectué des études à la microscopie électronique à transmission de la laine d'agneau sud-africaine (16,9 µm) et du cachemire mongol (17,3 µm). Il a conclu que le cachemire était bilatéral et que les pourcentages des cellules ortho et para étaient respectivement de 50,4% et 49,6%. La laine d'agneau contenait 65,2% d'ortho et 34,8% de para. De son étude au MET, il a également conclu que les teneurs en soufre des cellules corticales ortho et para du cachemire étaient semblables tandis que dans les laines les cellules ortho cortex contenaient plus de soufre que les cellules para cortex.

Concernant la structure de la surface des fibres animales, Wildman, A.B. (1954) a déterminé un diagramme de fréquence qui illustre la distribution des écailles/100 µm pour des échantillons de cachemire commercial et de laine mérinos de 18 µm. Les deux échantillons de cachemire contenaient respectivement de 4 à 10 écailles/100 µm

11

et de 4,5 à 9,5 écailles/100 µm avec des valeurs moyennes respectivement de 6,5 à 7 et de 6 à 6,5/100 µm. Les laines mérinos comportaient de 5,5 à 11 écailles/100 µm avec une valeur moyenne de 8,5 à 9. Garner (1967) a trouvé que jusqu'à 20% des fibres de laine mérinos qu'il a examinées avaient la même fréquence d'écailles que le cachemire.

Dans une étude préliminaire du cachemire blanc déjarré à partir des chèvres sauvages australiennes de diamètre 17,6 µm en utilisant un microscope électronique à balayage (MEB), Tucker et al (1988, 1990, 1998), ont trouvé une fréquence des écailles de 5 à 7 écailles/100 µm. Pour la laine mérinos de diamètre 17 µm, ils ont trouvé une fréquence variant de 7 à 11 écailles/100 µm.

Dans un examen des fibres déjarrées de la chèvre métis d'Angora/cachemire (diamètre 17 à 18 µm), Tucker, D.J. (1990) a également constaté que la fréquence des écailles (en employant un MEB) était de 3 à 4,5 écailles/100 µm, bien que les fibres grossières (jarres) prises de la même chèvre (diamètre de 73 à 126 µm) aient présenté une fréquence des écailles de 10 à 11/100 µm. Ceci est différent de la fréquence des écailles des fibres intérieures fines. Dans une étude antérieure (Harizi, T. 2003), nous avons trouvé aussi une nette différence dans les fréquences des écailles entre les poils (fibres intérieures) et les jarres (fibres extérieures) dans un échantillon de fibres de dromadaire tunisien. Cependant, les différentes fibres de cachemire (les poils et les jarres) présentent une même fréquence qui est de 6 à 7 écailles/100 µm (Phan, K.-H., et al. 2000).

Ces différences en structure physique de la surface des fibres animales spéciales, comparée aux laines, contribueront également aux avantages esthétiques souhaitables tels que la douceur et l'éclat et permettront l'identification de ces différentes fibres dans un mélange, mais seront partiellement responsables de la plus grande difficulté en traitant le mohair, le poil de chameau et celui de cachemire.

II. 1. 2 – Structure chimique

Smith et Harris (1937) ont trouvé que le cachemire présentait une teneur en soufre de 3,4% et une teneur en azote de 16,4%. Satlow, G. (1965) a effectué une recherche pour voir s'il était possible de distinguer les laines du mouton, l'alpaga, les poils de chameau, de cachemire et de mohair en utilisant une série d'essais chimiques. Il a étudié la cystine et les teneurs en acide cystéique, et l'effet des acides, des bases et des enzymes. Il a conclu que les différences entre les fibres étaient insignifiantes. Cependant, certains essais utilisés, ne sont pas très sensibles et l'interprétation de plusieurs parmi eux est souvent difficile. Satlow n'a trouvé aucun acide cystéique dans les trois échantillons de cachemire qu'il a examiné.

Leeder J.D. (1998) a comparé la composition en acides aminés du cachemire mongol de 16,9 µm de diamètre à la laine d'agneau sud-africaine de 17,3 µm. Les compositions en acides aminés des deux fibres étaient très semblables. Seulement, la cystine, la tyrosine (12% de chacune, plus dans le cachemire que dans la laine) et la proline (9% moins en cachemire qu'en laine) étaient sensiblement différentes. Leeder J.D. suggère que les différences dans la sérine et la thréonine sont dues aux problèmes de résolution pendant l'analyse et que les différences dans le contenu en cystine semblent être dues au problème de la reproductibilité. Il est plus difficile d'analyser le proline en raison de son mauvais résultat de coloration avec de la ninhydrine, le réactif utilisé pour l'analyse des acides aminés. Roberts a conclu que bien que les difficultés existent dans l'analyse de la cystine, la possibilité qu'une vraie différence existe entre les contenus en cystine dans le cachemire et dans les laines ne peut pas être donnée avec certitude.

Roberts, M.B., (1973) a constaté que les teneurs en acide cystéique dans le cachemire et dans les laines étaient respectivement de 25 et 27 micromoles/g (0.42 g/100 g et 0.46 g/100 g, tous les résultats étant exprimés sur une base sèche). Ces résultats sont en désaccord avec les résultats de Satlow, G. (1965) qui n'a détecté aucun acide cystéique. Roberts a également constaté que le contenu d'amide (glutamine et asparagine) était le même pour chacune des fibres.

Tucker, P.A. (1998) a analysé dix échantillons de cachemire provenant des chèvres sauvages de Restall et n'a trouvé aucune corrélation entre le diamètre des fibres et n'importe quel acide aminé particulier. Il a trouvé, cependant, que les différences significatives existaient entre les divers échantillons pour la cystine en particulier, aussi bien que pour la sérine, l'acide glutamique et la proline. Ces différences peuvent être associées à la variation génétique ou d'âge ou au statut alimentaire. De telles différences sont présentes dans des fibres de laines.

Logan, R.I., et al. (1989) ont analysé les lipides de la laine et d'autres fibres animales spéciales (mohair, alpaga, lama et lapin angora). Quelques fibres, notamment le mohair, les cheveux humains et les fibres du lama, ont des distributions d'acide gras suffisamment différentes de la moyenne générale relative aux fibres animales. La matière extractible dans l'alpaga était deux fois plus élevée que dans n'importe quelle autre fibre animale.

II. 2 - Propriétés textiles des poils d'animaux

- La finesse

La finesse de la fibre est une caractéristique technologique importante. Plus la fibre est fine, plus le fil pourra être fin, régulier et avoir des caractéristiques mécaniques élevées. En général, la finesse de la fibre kératinique varie en fonction de l'origine, de l'âge et du sexe de l'animal et elle est exprimée par son diamètre moyen.

Les plus importants critères déterminant la fibre animale sont l'espèce qui la produit et le diamètre de la fibre. La figure suivante présente l'étendue du diamètre des fibres animales spéciales produites par les différents animaux.

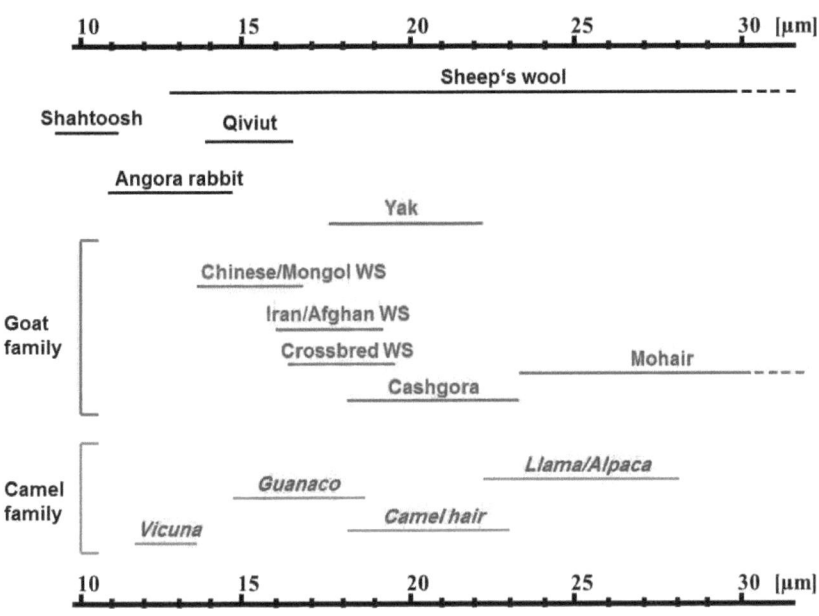

Figure 1.3. Fibre diameter of various luxury fibres (Phan and Wortman 2000).

Langley, K. et T. Kennedy (1988) ont comparé les diamètres moyens et leur variation pour quelques fibres animales spéciales (voir tableau 1.2).

Tableau 1.2 : Finesse de quelques fibres animales spéciales Langley, K. et T. Kennedy (1988).

	Diamètre moyen (μm)	Etendue (μm)	Coefficient de variation (%)
Laine de mouton	33,72	14,94-52,50	16,5
Mohair	35,36	14,32-56,39	18,0
Cachemire duvet	15,74	8,86-22,62	25,0
Chameau duvet	17,13	8,45-25,81	22,0
Alpaca	35,04	14,07-56,01	18,7

En considérant les deux paramètres finesse et variation de finesse, nous remarquons que la fibre de chameau présente un réel avantage.

- La longueur

La longueur de différentes fibres animales est donnée dans le tableau 1.3. La fibre de chameau a une longueur de 25 à 125 mm pour le duvet et, pour la jarre, la longueur peut atteindre jusqu'à 375 mm. Etant donné la grande variation de longueur des fibres dans la toison de chameau, Von Bergen W. (1942) proposa une classification des fibres de chameau en trois grades en se basant sur la longueur.

Tableau 1.3: Classes de longueurs des fibres dans la toison de chameau (Von Bergen W. 1942).

Classe de l'échantillon (mm)	38	165	292
Nombre de fibres testées	100	100	100
Diamètre moyen (µm)	25,1	49,5	72,5

- Propriétés mécaniques des poils animaux

La détermination des propriétés mécaniques d'une fibre textile permet de prédire, non seulement le type et le nombre de stades du processus de transformation nécessaires, mais aussi les propriétés du produit fini fabriqué à partir de ces fibres.

Wastson et Martin (1966) ont déterminé les principales propriétés mécaniques de quelques fibres animales spéciales que nous avons résumées dans le tableau 1.4.

Tableau 1.4 : Propriétés mécaniques de quelques fibres animales (Wastson et Martin 1966).

Les propriétés	Laine de mouton	Mohair	Cachemire (fibres déjarrées)**	Poil de chameau (fibres déjarrées)**
Titre (Tex)*	0,5133	1,3956	0,3156	0,4433
Ténacité (cN/Tex)	11,34	16,38	13,95	14,13
Allongement de rupture (%)	30,7	40,4	35,6	36,8
Module d'élasticité (cN/Tex)	259	367	327	320

* Tex = masse en grammes d'un km de la structure.

** Déjarrées = débarassées des fibres grossières (jarres) contenues dans la toison.

II. 4 – Processus de filature des fibres animales spéciales

Les fibres animales spéciales sont des fibres difficiles à traiter dans le processus de filature. Le problème est lié à la surface douce de la fibre et au manque de force de cohésion entre les fibres dans les rubans ou les mèches. Le ruban en fibres animales spéciales est extrêmement faible et se casse facilement pendant le traitement. En outre, la finesse de la fibre est un autre facteur qui affecte ses capacités de filage et impose une certaine limitation à certaines applications d'habillement (fil très fin). Pendant le filage, il existe une limite de fiabilité déterminée par le nombre minimum de fibres par section du filé selon la théorie de Martindale J.G. (1945). Cette limitation signifie qu'avec le même nombre de fibres par section du filé, les fibres plus fines donneront le filé le plus fin.

La fibre de chameau est une fibre animale semblable à la laine et est traitée dans le même système que la laine. Il y a deux systèmes de préparation au filage des laines : le système peigné et le système cardé. Le premier système consiste à enlever les fibres les plus courtes, essentiellement au stade du peignage, il permet ainsi la production de filés très fins alors que le deuxième système est employé pour la fabrication des filés plus gros en utilisant des fibres de longueur moyenne inférieure. Traditionnellement, les fibres de chameau et de cachemire sont traitées sur le même système que la laine qui peut utiliser les fibres courtes pour produire des filés volumineux et mous. De plus longues fibres animales telles que les laines, le mohair et l'alpaga sont traitées suivant un processus peigné. Skillecorn J.J. (1993) a montré que la quantité de cachemire utilisée en processus peigné ne représente que 10 % de la production mondiale de cette fibre.

III – Les dromadaires

III.1 – Présentation

Le dromadaire, ou chameau d'Arabie (*Camelus dromadarius*), n'est plus connu qu'en tant qu'espèce domestique et on manque d'éléments pour situer l'époque où il vivait encore à l'état sauvage. Il aurait pénétré en Afrique par le Sinaï et la Corne de l'Afrique, puis en Afrique jusqu'à l'Atlantique, il y a deux ou trois millions d'années. Cependant, il aurait disparu du continent africain pour n'y être réintroduit que beaucoup plus tard à la faveur de la domestication. Le dromadaire pénètre en Afrique du Nord par le Sinaï au début de l'ère chrétienne.

Le chameau de Bactriane (*Camelus bactrianus*) est présent, quant à lui, dans une zone étroite s'étendant de la Turquie à la Chine, comprenant à peine une dizaine de pays ; il y a environ 8 millions de têtes. Contrairement au dromadaire, cette espèce n'est pas entièrement domestiquée : quand l'Homme s'est asservi de cet animal de bât, il n'a capturé qu'une fraction de la population sauvage. Dans beaucoup de cas, l'autre fraction sauvage a disparu, elle a évolué de façon propre. Ces animaux, restés à l'état sauvage, pourraient avoir évolué en une autre espèce. C'est peut être le cas du chameau sauvage de Tartarie, petite région du désert de Gobi. L'ILRI (Internationnal Livestok Research Institute) et les partenaires chinois ont entamé l'étude du génome de ce variant sauvage. Ils sont aujourd'hui convaincus qu'il s'agit d'une nouvelle espèce car son génome diffère de 3 % par rapport au chameau domestique » (Daval, F. et Rondote, A. 2009).

« On peut se poser la question de la morphologie de l'ancêtre des Camelus. On sait aujourd'hui que l'embryon de dromadaire a deux bosses, ce qui pourrait nous faire penser que cet ancêtre ressemblerait à un chameau.

Le dromadaire : Calelus dromadarius .   Le chameau de Bactriane .

Photo 1.7 : Le dromadaire à gauche et le chameau à droite (Daval, F. et Rondote, A. 2009).

Le chameau ou dromadaire est un animal particulièrement adapté aux conditions extrêmes des déserts. On estime leur nombre à plus de 20 millions de têtes dans le monde » (Daval, F. et Rondote, A. 2009).

Le chameau de Bactriane dotant de deux bosses est un animal vivant aux régions désertiques froides et précisément dans les zones d'Asie centrale depuis l'Anatolie (en Turquie) jusqu'en Mandchourie (en Chine). Le dromadaire est réparti sur plus de 35 pays recouvrant une surface allant du Sénégal à l'Inde et du Kenya à la Turquie (Fay, B. et Elkoumi, M. 1999) (voir figure 1.4).

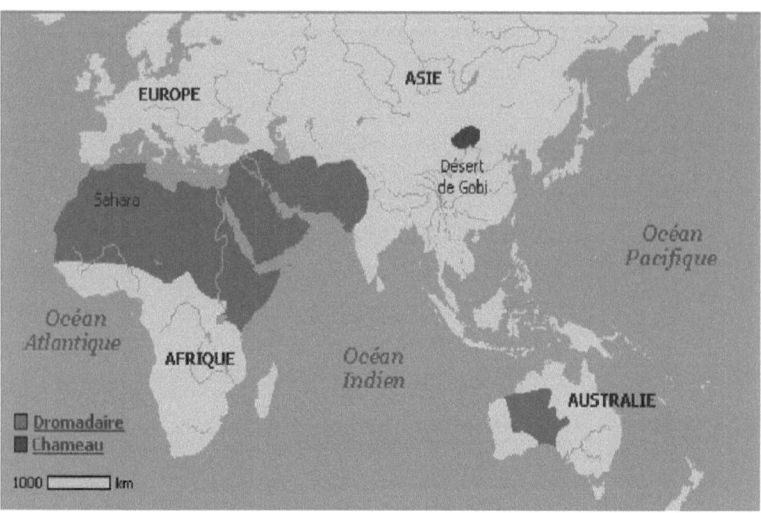

Figure 1.4 : Les chameaux et les dromadaires dans le monde (Fay, B. et Elkoumi, M. 1999).

III.2 – La production des poils

Le chameau ou le dromadaire possède une fourrure thermoisolante qui protège son corps des conditions climatiques froides et chaudes. Cette fourrure de longs poils extérieurs et grossiers recouvre un duvet fin situé près de la peau.

Comme nous l'avons signalé précédemment, la fibre de chameau (ou de dromadaire) est divisée en deux catégories ; le duvet intérieur et le poil extérieur dont les propriétés physiques et mécaniques sont très différentes. L'utilisation industrielle de ces fibres doit être précédée d'une opération de déjarrage permettant de séparer les deux catégories de fibres.

III.2.1 – La collecte

La collecte des fibres se fait au moment de la mue, vers la fin du printemps. Traditionnellement, un homme marche derrière l'animal et ramasse les poignés de fibres que l'animal perd et les place dans le panier transporté par le dernier chameau. Ces fibres sont transportées sur de très grandes distances vers des centres de collectes où elles sont triées en trois principales catégories et ensuite emballées pour l'expédition. Les fibres de chameau, en Chine sont battues afin d'éliminer la majeure partie des poussières et des matières végétales avant expédition.

III.2.2 – La séparation

Même après avoir été classées en trois catégories, on retrouve bien sûr mélangées encore les fibres très grossières et les fibres très fines à tel point que ce produit n'est pas directement utilisable. Antérieurement, la meilleure façon de séparer les fibres fines des fibres grossières était de les peigner. Bien que l'on puisse arriver à un résultat acceptable par ce moyen, il était nécessaire de mettre au point un moyen mieux adapté à ce problème particulier. Pour éviter le peignage et son action violente sur les fibres, il fallait s'orienter vers un procédé de séparation qui préserve au maximum les propriétés des fibres fines en réduisant au minimum la présence de fibres grossières, cette présence jouant un rôle prédominant dans la facilité de fabrication et donc influençant le prix.

III.2.3 – La quantité produite

Généralement, le chameau de Bactriane donne une quantité et une qualité de fibres supérieures à celles du dromadaire. La production annuelle est d'environ 5 Kg pour un chameau de Bactriane (mâle), il y a même des records parlant de 8 Kg (Fay, B. et Elkoumi, M. 1999).

Le dromadaire a une production en poils beaucoup plus faible. En effet, les races Africaines produisent annuellement autour de 1 Kg de poils seulement, il y a même des races presque nues qui n'ont que très peu de poils (exemple : la race Buban en Somalie). En Afrique du nord, il existe des variétés de races permettant la collection d'une toison d'environ 3 Kg.

En Inde et au Pakistan, la production de ces fibres entre dans l'activité économique générale de ces pays, ce qui n'est pas le cas en Afrique. Malgré le fait que la production par tête reste pratiquement faible (près de 1 Kg par tête avec la possibilité d'atteindre 5 Kg), l'Inde arrive à produire 400 000 Kg de poils dont la majeure partie est destinée à l'exportation (Fay, B. et Elkoumi, M. 1999).

III. 3 – Le dromadaire

III. 3. 1 – Le dromadaire en Afrique et en Asie

Le dromadaire se rencontre essentiellement dans la ceinture désertique d'Afrique et d'Asie. En effet, la Somalie est le principal pays éleveur de dromadaires avec environ 6 millions de bêtes, le Soudan avec environ 3 millions, l'Ethiopie, la Mauritanie et l'Inde avec environ 1 million chacun et d'autres pays ont des quantités peu importants (voir figure.1.5).

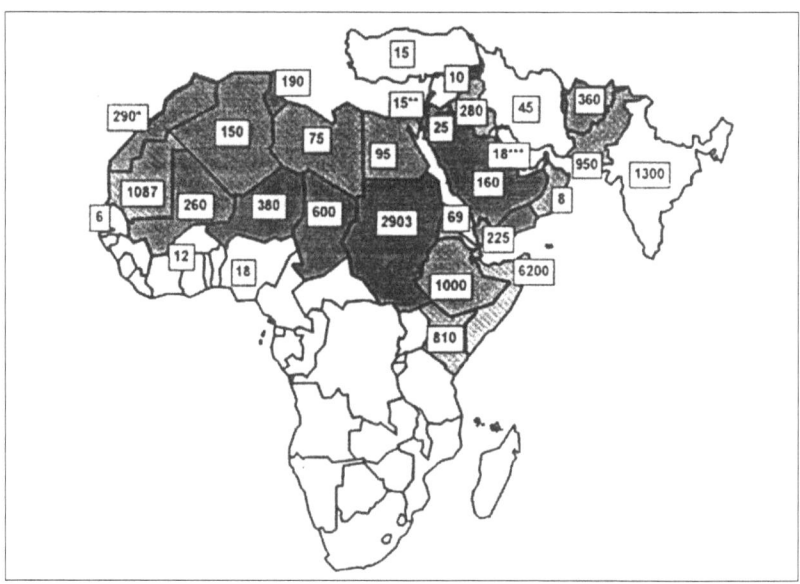

Figure 1.5 : Répartition du nombre (en milliers de têtes) de dromadaires en Afrique et en Asie en (1999) (Fay, B. et Elkoumi, M. 1999)

22

III. 3. 2 – Les différentes races de dromadaires

Plusieurs données bibliographiques ont permis de classer les dromadaires en 51 principales races et presque 100 autres races similaires. Généralement, il est possible d'identifier 8 groupes de dromadaires dans le monde, en se basant sur quelques critères morphologiques simples comme la taille, le poids, la couleur, les poils et la robustesse. Les utilisations principales (transport, traction ou autres) et aussi le lieu d'élevage (montagne ou plaine), constituent d'autres paramètres de classement. Dans cette classification la taille est l'élément de base qui présente le plus d'effet.

Dans le Maghreb, en considérant des caractères héréditaires et morphologiques, on limite les races de dromadaire à trois seulement à savoir : la race Marmouri, la race Elkhouari et la race Gurzni. Ce dernier est l'animal donnant le plus de poils (Fay, B. et Elkoumi, M. 1999).

III. 4 – Les dromadaires en Tunisie

Les effectifs de dromadaires en Tunisie ont connu une régression importante entre 1955 et 1986, où ils sont passés respectivement de 225 000 à 75 000 têtes. Cependant, une évolution des effectifs de dromadaires a été enregistrée ces dernières années suite à un programme d'encadrement des éleveurs et à la création d'un projet de la promotion de l'élevage. En 2002, le nombre de dromadaires s'est élevé à près de 90 000 têtes (Mosleh, M. 1998).

III. 4. 1 – Localisation

Le dromadaire est un animal des régions désertiques qui se caractérise par sa grande rusticité, son adaptation aux conditions difficiles du milieu aride. C'est pourquoi, la majorité des effectifs de dromadaires (environ 80 %) sont localisés dans le sud tunisien et plus précisément dans les gouvernorats de Médenine, Tataouine, Kébili et Tozeur (Mosleh, M. 1998).

III. 4. 2 – Importance économique

Les dromadaires, comme tous les animaux producteurs, offrent plusieurs produits dont les plus importants sont la viande et le lait. Ils offrent également d'une façon indirecte d'autres produits comme les poils et les peaux.

Le lait des dromadaires comme produit commercial est peu connu. Ceci est dû essentiellement à la faible production de lait et aux difficultés liées à sa collecte, emmagasinage et transport. Cependant, ce produit présente une importante valeur nutritionnelle et médicale ce qui donne une valeur commerciale élevée (un litre de lait de dromadaire est vendu environ 4 dinars) (Sghair, D. M. 2003).

En ce qui concerne les peaux et les poils, ils représentent une matière première utilisée pour la fabrication des produits traditionnels essentiellement dans les régions du sud tunisien. En effet, les poils sont utilisés dans la production d'articles d'habillement ou autres à savoir : le "Barnouce", le grand sac "Gharara" et aussi des tissus appelés "Flij" utilisés pour la fabrication des tentes en poils bien adaptées aux conditions climatiques du désert. La demande en cette matière première ne cesse d'augmenter puisque leurs produits deviennent de plus en plus liés aux activités touristiques dans le pays.

L'estimation de la production en poils, donnée dans le tableau 1.5, est basée sur l'évolution du nombre de têtes de dromadaires et en considérant une production de 3 Kg de poils par tête.

Tableau 1.5 : Estimation de la production en poils, peaux, laits et viandes en tonnes (T) (Sghair, D. M. 2003 ; Chouki M. 2009).

Année	1997	1998	1999	2000	2001	2002	2003	2004	2005	2006	2008
Poils	181	184	205	205	213	220	231	243	251	-	-
Peaux	577	585	651	651	677	701	734	773	800	-	-
Laits	13750	13925	15500	15500	16125	16700	17475	18400	19050	19875	-
viandes	2150	-	-	-	3000	-	-	-	-	-	3800

Ce tableau montre une nette hausse de la quantité de poils produite par an et qui peut être améliorée si l'on donnait plus d'intérêt à la production de ces poils en les considérait comme un produit principal du dromadaire, même si la quantité actuelle estimée à 240 tonnes des poils, parait suffisante pour une exploitation industrielle de ces fibres textiles.

La viande est le produit principal du dromadaire et représente près de 2,5% de la production totale des viandes rouges en Tunisie. La quantité de viande du dromadaire a connu une nette évolution puisqu'elle est passée de 2150 tonnes en 1997 à 3000 tonnes en 2001.

III. 4. 3 – La tonte du dromadaire

En Tunisie, la tonte des dromadaires n'est pas une opération systématique dans les élevages en raison de la difficulté de cette opération dans le système d'élevage traditionnel basé sur la valorisation des parcours lointains et l'absence d'un marché garanti pour le produit. En effet, l'utilisation traditionnelle du poil dans la confection d'articles pour satisfaire les besoins de la société pastorale a nettement régressé au cours des dernières décennies. En absence de tonte, la mue s'effectue naturellement vers la fin du mois de juin ce qui constitue une perte économique non négligeable (photos 1.8 et 1.9) qui aurait dû être évitée aussi bien pour l'éleveur que pour le secteur de l'artisanat à la recherche de produits exotiques nouveaux qui peuvent intéresser à la fois le tunisien et le touriste étranger.

Photo 1. 8: Perte de poil par mue naturelle (absence de tonte).

Photo 1. 9 : Perte de poil sur le lieu de campement par mue naturelle (absence de tonte).

Photo 1. 10: Tonte par des ciseaux d'un chamelon élevé en stabulation (IRA Chenchou) : diminution de la longueur des fibres.

Photo 1. 11: Tonte par une machine électrique (pour ovin) d'un chamelon (IRA Chenchou).

Photo 1. 12: Difficulté de manipulation des dromadaires pour la tonte sur parcours.

Photo 1.13: Stade optimum pour récupérer le maximum de poils.

L'Institut des Régions Arides de Médenine (IRA) a organisé une campagne de collecte du poil en début de la saison estivale de l'année chez les éleveurs du sud-est tunisien pour collecter la quantité nécessaire à la réalisation des essais prévus dans notre travail. Dans cette campagne ils ont essayé pour la première fois la tondeuse électrique et ils ont remarqué que cette méthode préserve plus la longueur des fibres et sans aucune blessure de la peau de l'animal (Photos 1.10 et 1.11). Cette campagne a été aussi une occasion pour sensibiliser à la fois les éleveurs et les bergers à l'intérêt de la tonte de leurs animaux qui peut leur assurer un revenu supplémentaire pour faire face aux coûts de l'élevage (berger, complémentation,...) qui ne cessent de progresser d'une année à l'autre malgré la difficulté de l'opération de tondage sur le parcours (Photo 1.12).

Il est à noter que lorsque la tonte a été effectuée au moment opportun (Photo 1.13) le dromadaire tunisien donne une toison dont la masse moyenne est de 1 à 1,5 Kg (Mekki M et al. 2004).

IV – Caractéristiques de la toison de dromadaire tunisien

IV.1 – Poids de la toison

Le poids de la toison brute est un bon indice de la production totale puisqu'il réunit l'effet combine de la finesse, de la longueur et de la densité. La valeur moyenne du poids de la toison de dromadaire tunisien est de 0.75 kg (0.3 à 2.42) (Harizi T. et al. 2014 a). Ceci est largement inférieur à la valeur mentionnée par Sghair, D. M. (2003) qui a estimé que le poids moyen de la toison est de 3 kg. Des résultats similaires ont été annoncés par Chambak et al. (2001) pour le poids de la toison de dromadaire en Inde (763,5g ±12,7).

L'analyse de la variance (ANOVA) montre que le facteur "âge" influe significativement ($p < 0.05$) la production annuelle en fibres de dromadaire. Le poids de la toison décroit en fonction de l'âge de dromadaire. La toison de la première tonte présente la masse la plus élevée puisque la période de la tonte est d'un an et demi. Aussi, le poids moyen des toisons prises de la région 2 (le ventre, les flancs et les reins) est plus élevé que celui obtenu de la région 1 (le cou, les épaules, la nuque, la queue et le dos). Cette différence est statistiquement significative.

Tableau 1.6 : Poids de la toison brute de dromadaire de différent âge et selon deux régions du corps de l'animal.

Région du corps	Catégorie d'âge*	Effectif	Poids moyen	Poids minimum	Poids maximum
Partie	1	84	0.49	0.18	0.96
ventrale	2	40	0.47	0.20	0.77
(région 2)	3	51	0.45	0.17	1.37
	4	29	0.36	0.12	0.80
	moyenne1	**204**	**0.44**	**0.12**	**1.37**
Partie	1	84	0.30	0.10	0.71
dorsale	2	40	0.29	0.13	0.68
(région 1)	3	51	0.32	0.13	1.05
	4	29	0.34	0.14	0.85
	moyenne2	**204**	**0.31**	**0.10**	**1.05**
Toison	1	84	0.80	0.40	1.43
totale	2	40	0.76	0.37	1.37
	3	51	0.77	0.42	2.42
	4	29	0.70	0.30	1.65
	moyenne	**204**	**0.75**	**0.30**	**2.42**

Catégorie d'âge : 1 : 1,5 ans ; 2 : 2,5-4,5 ans; 3 : 5,5-9,5 ans; 4 : >10 ans

IV.2. Rendement au lavage

Le lavage de la laine élimine le suint, la graisse et les impuretés minérales : terre et sable. Le rendement exprime en pourcentage la quantité de laine lavée restante après lavage, par rapport à la quantité de laine brute (en suint) mise en œuvre.

Le rendement après lavage du poil de dromadaire est compris entre 88% et 98% avec une valeur moyenne de 96% et un CV% de 1,6% (Harizi T et Moslah M. 2013). Ceci montre que la réduction de masse de la matière est faible en le comparant à celui du cachemire de Mongolie qui est compris entre 74% et 78% (Drian and Sarangoo 2001) et celui de la laine qui est de 50% à 75% (Wool:Science and technology 2002).

Toutefois, le rendement de lavage pour le bœuf musqué et le cachemire d'Australie est similaire à celle trouvée pour le dromadaire tunisien (Rowell et al. 2001 ; McGregor 2003). Les toisons de dromadaire étaient très faibles en graisse (excrété par les glandes sébacées) et suint (sueur séchée soluble dans l'eau de la glande sudoripare). La contamination par des matières végétales, de la saleté, et autre impuretés, a été minime.

En comparant les rendements moyens après lavage des échantillons des toisons de dromadaire de plus jeune au plus âgé, nous avons trouvé une différence hautement significative. Le graphique de la figure 1.6 permet d'identifier où se situent les différences entre les moyennes de divers lots. Ce graphique montre bien que les rendements moyens après lavage pour des échantillons de toisons de dromadaire âgé d'un et de deux ans sont plus importants que tous les autres échantillons. Ceci peut être expliqué par le fait qu'un dromadaire plus âgé est doté d'un corps plus grand donc il y a plus de chance d'accumulation de sable, de poussière, etc.

Les moyennes des rendements au lavage des échantillons de toison de dromadaire pris de la région 1 et la région 2 sont respectivement 96.5% and 95.7%. Dans cette étude, l'analyse des données montre que la différence entre les moyennes est non significative (p <0.05). Ceci permet de dire que la masse moyenne perdue après lavage est la même pour les échantillons pris de la région 1 ou 2. L'analyse de la variance (ANOVA) montre que le facteur "région" a un effet négligeable sur le facteur de contrôle "rendement au lavage".

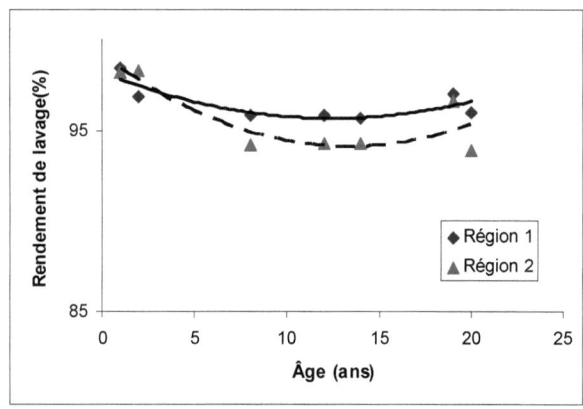

Figure 1.6: Evolution du rendement après lavage en fonction de l'âge et de la région du dromadaire.

IV.3. Rendement en poils

Dans l'industrie textile seulement les fibres fines ont de la valeur, c'est pourquoi il est important de déterminer son pourcentage dans la matière lavée. Le rendement en poils est défini comme étant le pourcentage de fibres fines calculé par rapport à la masse de la matière fibreuse lavée.

Le tableau suivant présente les valeurs moyennes de pourcentage des différents composants de la toison de dromadaire. Le rendement moyen en poils est de 44,96% (Harizi,T. et al. 2006) qui parait intéressant en le comparant aux résultats présentés par Couchman (1989) sur le cachemire australien où le rendement moyen en cachemire est estimé à moins de 30%. Les valeurs indiquées ici pour dromadaire sont plus que ceux rapportés dans une étude avec des chèvres cachemire (Lupton et al. 1995). En outre, le pourcentage de fibres fines de la toison de cachemire d'Iran est de 1/3 du poids de la toison du mouton et pour le métis, il est 1/2 du poids de la toison (Taherpour et Mirzaei 2012).

Les graphiques des figures 1.7, 1.8 et 1.9 montrent l'évolution des différentes proportions en fonction des facteurs âge et région. Dans les figures 1.7 et 1.8, il y a une évolution décroissante de la proportion en poil et une évolution croissante de la proportion en jarre. Les deux graphiques montrent une nette différence entre les régions 1 et 2 pour les diverses proportions et essentiellement pour les toisons de jeunes dromadaires. Toutefois, la proportion en poil est perpétuellement plus importante que la proportion en jarre pour les divers lots.

Tableau 1.7 : Moyenne de proportion des différents constituants de la toison de dromadaire

	$N_{mesures}$	Moyenne (%)	Minimum (%)	Maximum (%)	CV%
Poil	42	44,96	33,06	64	16,24
Jarre	42	26,34	13,21	34,61	26,45
Déchet	42	23,27	15,24	33,23	20,33
Poussière	42	6,43	0,43	11	49,69

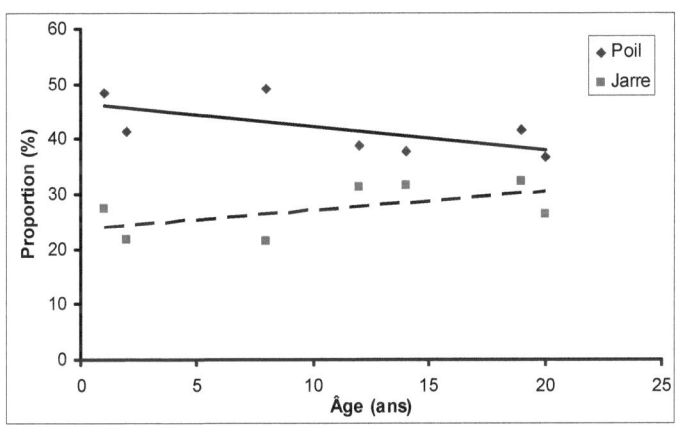

Figure 1.7 : Evolution des proportions en poil et en jarre en fonction de l'âge pour la région 1

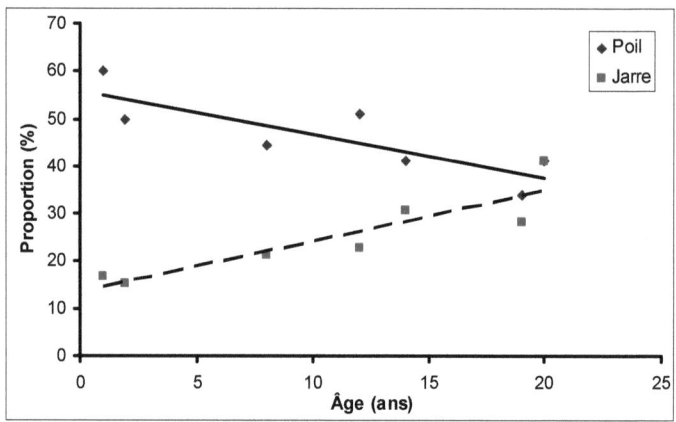

Figure 1.8 : Evolution des proportions en poil et en jarre en fonction de l'âge pour la région 2

Le graphique de la figure 1.9 montre une évolution aléatoire de la proportion en déchet, ce qui veut dire que la proportion de déchet dépend non seulement de l'âge de l'animal mais d'autres facteurs à savoir le type et la zone d'élevage.

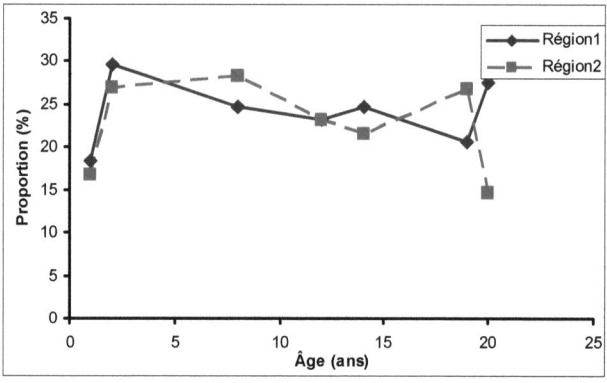

Figure 1.9 : Evolution des proportions en déchet en fonction de l'âge pour les régions 1 et 2

En adoptant une régression linéaire simple des proportions en poil, en jarre et en déchet en fonction de l'âge du dromadaire, il s'avère clair que la corrélation entre les valeurs mesurées et prédits est faible surtout pour les proportions en déchet et en jarre. Aussi, les valeurs du coefficient de détermination R^2 sont plus faibles pour la région 1 que pour la région 2. Ceci est peut être dû à l'homogénéité de la matière dans la région 1 qui parait être inférieure à celle dans la région 2. En effet, la première région renferme plusieurs parties à savoir le cou, les épaules, la nuque, la queue et le dos alors que la deuxième région ne comporte que le ventre, les flancs et les reins.

Chapitre 2 : Propriétés des fibres de dromadaire tunisien

I – Introduction

La composition physique et chimique de la fibre de laine a fait l'objet d'études étendues. Les mêmes paramètres ont été étudiés pour les fibres du mohair, mais encore moins pour les chameaux et les dromadaires.

Quoiqu'il existe des différences dans la composition morphologique et chimique des laines et des autres fibres animales spéciales (mohair, cachemire, chameau,…), il y a des similitudes de base. Cependant, aucune étude systématique étendue n'a été menée sur ces fibres spéciales.

Aujourd'hui, il y a un réel progrès et des avancées significatives dans la microscopie et les méthodes automatisées d'analyse ce qui permet une caractérisation de la structure fine du poil du dromadaire. Ceci aura certainement une grande importance dans l'explication des propriétés physiques et mécaniques ainsi que les traitements de transformation de ces fibres.

Dans ce chapitre, nous discutons la morphologie externe de la fibre de dromadaire en déterminant son aspect et son état de surface ainsi que sa structure fine (type des cellules corticales, cristallinité).

II – Propriétés physiques des fibres de dromadaire

II.1 – Propriétés morphologiques

Dans le chapitre "étude bibliographique" nous avons discuté les différents paramètres caractérisant la surface externe des fibres animales, à savoir la forme, la fréquence (nombre/100µm) et la hauteur des écailles. Le schéma de la figure 2.1 montre clairement ces différents paramètres. Ainsi, pour avoir une idée claire sur l'aspect et l'état de surface de nos différents échantillons, nous avons utilisé le microscope électronique à balayage (MEB). Notons à ce niveau que le microscope sous toutes ses formes est l'outil le plus indispensable parmi les instruments des laboratoires scientifiques pour l'étude et l'examen des fibres textiles. En effet, les techniques les plus récentes de microscopie permettent de collecter un nombre important d'informations sur l'aspect et la morphologie externe des différentes matières surtout lorsqu'elles sont accouplées à un logiciel performant d'analyse d'image.

La finesse de la fibre influe énormément sur les propriétés du fil et joue un rôle très important dans l'identification des fibres dans le produit textile. Différents instruments peuvent être utilisés pour la mesure de la finesse moyenne. L'outil le plus accessible et communément utilisé a été la microscopie à projection conformément à la norme de l'International Wool Textile Organization IWTO-8-97 et la méthode "airflow" suivant la norme IWTO-6-98. Deux techniques modernes ont été standardisées mais demandent un matériel très coûteux : "Sirolan-Laserscan" conformément à la norme IWTO-12-98 et la méthode OFDA (Optical Fiber Diameter Analyser) suivant la norme IWTO-47-95, où plusieurs milliers de fibres peuvent être mesurées automatiquement. Deux autres techniques ne sont pas standardisées ; la méthode utilisant le MEB et la méthode de mesure de la surface de la section transversale.

La technique OFDA est actuellement très utilisée pour le contrôle du paramètre diamètre des fibres animales que ce soit par les industriels travaillant ces genres de fibres ou par les laboratoires accrédités de métrologie textile.

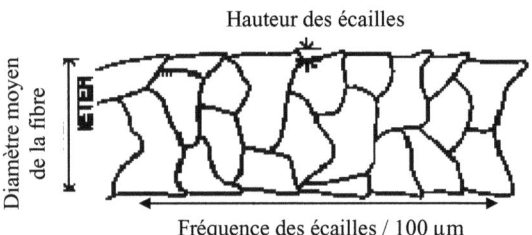

Figure 2.1: Les différents paramètres représentant l'aspect de surface d'une fibre écailleuse

II. 1. 1 - Diamètre des fibres

Le tableau 2.1 montre que le diamètre moyen mesuré par la technique OFDA est supérieur à celui mesuré par le MEB. Ceci a été aussi trouvé par K.-H. Phan et al (2000) en mesurant le diamètre des cachemires et shahtoosh[1] par les techniques OFDA et MEB. Cette différence est expliquée par le fait qu'avec la technique OFDA les fibres sont toujours dans les conditions atmosphériques standard (20°C et 65% d'humidité relative) alors que dans la chambre du MEB l'atmosphère est plutôt sèche étant donné la forte dépression (environ 10–6 mbar). Ceci aura comme conséquence un léger dégonflement, et ainsi le diamètre de la laine et des fibres animales spéciales sera inférieur d'environ 10% par rapport aux résultats obtenus par la technique OFDA (Phan, K.-H. 2000).

En plus, nous pouvons prétendre que le logiciel (software) de l'OFDA ne peut pas reconnaître la distance séparant deux fines fibres adjacentes et les considère comme une seule fibre dont le diamètre est extrêmement élevé. Ces valeurs faussement

---

[1] Shahtoosh (ou shahtush) est un poil très rare et fin obtenu à partir d'un type d'antilope vivant principalement dans la région aride et désertique dans les parties nord du plateau tibétain de Chang Tang.

élevées du diamètre mesuré provoquent logiquement une hausse de la moyenne et du CV%.

Tableau 2.1 : Diamètres moyens et CV% des fibres déjarrées de dromadaire en utilisant le MEB et la technique OFDA.

	MEB	**OFDA**
Moyenne (µm)	16,93	18,07
CV%	24,3	34,6

En appliquant la technique OFDA pour examiner les fibres déjarrées du dromadaire, nous avons trouvé un diamètre moyen de 18,07 µm et un CV% de 34,6%. La figure 2.2 présente la distribution du diamètre des fibres déjarrées. Les différentes valeurs de diamètre sont principalement distribuées comme suit:

- 7% sont inférieures à 13 µm
- 53% sont comprises entre 13 – 17 µm
- 35% comprises entre 17 – 30 µm
- 4,5% comprises entre 30 – 50 µm
- 0,5% sont supérieures à 50 µm

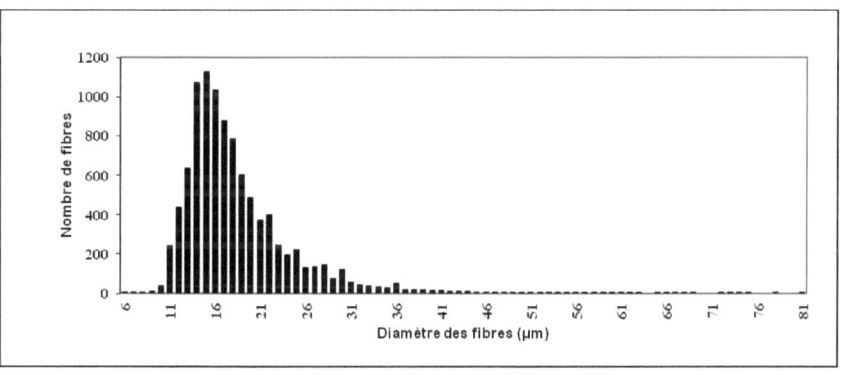

Figure 2.2 : Distribution du diamètre des fibres déjarrées de dromadaire.

Cette distribution montre la grande dispersion du diamètre des poils du dromadaire exprimée par la valeur élevée du CV% (34,6%). Pour le cachemire de toutes origines, K.-H. Phan et al (2000) ont indiqué que la distribution du diamètre est donnée avec une valeur du CV% de 20-25% alors que McGregor B.A (2000) a annoncé une moyenne de CV% de 22%. La grande dispersion du diamètre des poils de dromadaire peut être attribuée à la qualité du déjarrage. Ceci parait clair en regardant la figure 2.3 qui présente la distribution du diamètre des fibres non déjarrées prises de la toison du dromadaire. Donc, plus le déjarrage est efficace moins est grande la dispersion dans la distribution du diamètre des poils.

Dans tous les cas, d'après ces résultats, les diamètres moyens des échantillons des fibres déjarrées de dromadaire restent inférieurs à 18,5 µm. Dans un travail antérieur (Harizi T. 2003), en utilisant le microscope à projection, nous avons trouvé que le diamètre moyen des poils du dromadaire varie en fonction de l'âge de 17 à 26 µm.

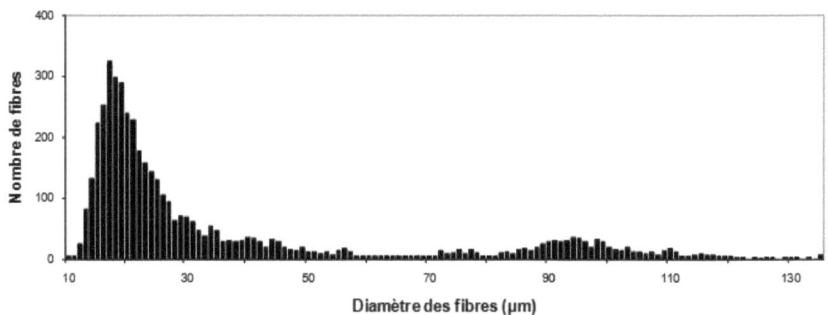

Figure 2.3 : Distribution du diamètre des fibres non déjarrées de dromadaire.

Harizi T. et al (2007) ont étudié l'effet de l'âge et de la région du corps de dromadaire sur le diamètre moyen des fibres déjarrées. L'évolution croissante du diamètre moyen des fibres en fonction de l'âge est affecté par la région du corps de l'animale (figure 2.4).

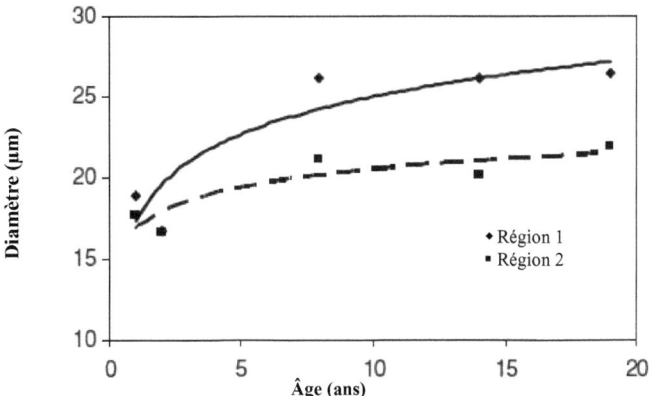

Figure 2.4 : Evolution du diamètre projeté moyen en fonction du facteur âge.

Pour les deux courbes, le diamètre moyen augmente rapidement jusqu'à l'âge d'environ 10 ans et à partir de là, l'augmentation du diamètre en fonction de l'âge devient très faible. En effet, le diamètre des fibres prises de la région 1 (le cou, les épaules, la nuque, la queue et le dos) est plus élevé que celui obtenu de la région 2 (le ventre, les flancs et les reins) pour chaque dromadaire et l'écart devient de plus en plus important avec l'augmentation de l'âge de l'animal. Pour un dromadaire d'un an, l'écart de diamètre moyen du poil entre la première et la deuxième région, est presque nul, alors que pour un dromadaire de 20 ans, l'écart s'élève à plus de 5 µm. pour le mohair et l'alpaga, le diamètre des fibres augmente dès la naissance jusqu'à une valeur maximale à l'âge de 5 et 7 ans respectivement (Davis and Bassett, 1965; Jones, 1935; McGregore and Butler, 2004; Van DerWesthuysen et al., 1985).

Aussi, nous avons noté que l'âge et la région du corps du dromadaire présentent un effet hautement significatif sur le diamètre des fibres déjarrées

II. 1. 2 – La forme des écailles

L'examen au microscope électronique à balayage (MEB) montre une structure écailleuse de la fibre de dromadaire (Harizi T et al 2012). Ces écailles sont moyennement longues et semblent presque convexes essentiellement pour des fibres fines (photo 2.3). Les écailles des fibres grossières de dromadaire (jarre) présentent plutôt un aspect onduleux dans le profil de la fibre (photo 2.4).

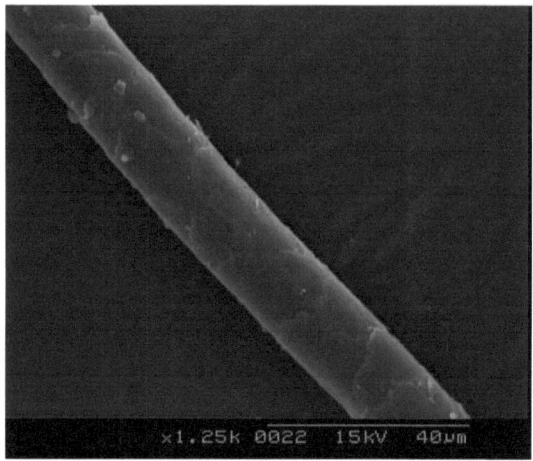

Photo 2.3: Poil de dromadaire (duvet).

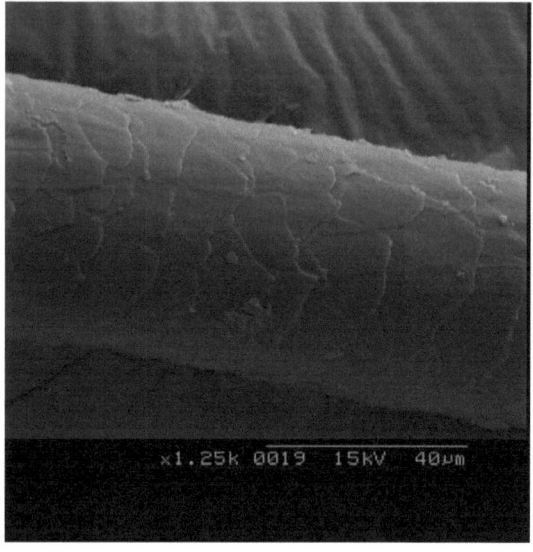

Photo 2.4: Fibre grossière de dromadaire (jarre).

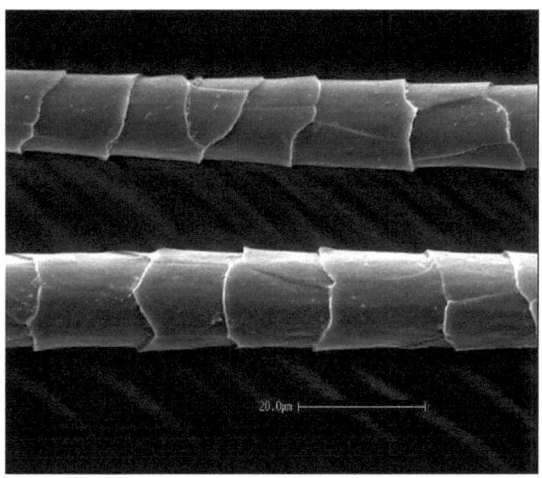

Photo 2.5: Deux fines fibres de cachemire chinois de diamètre 10.6 µm
et 11.7 µm respectivement (Phan, K.-H. 2000).

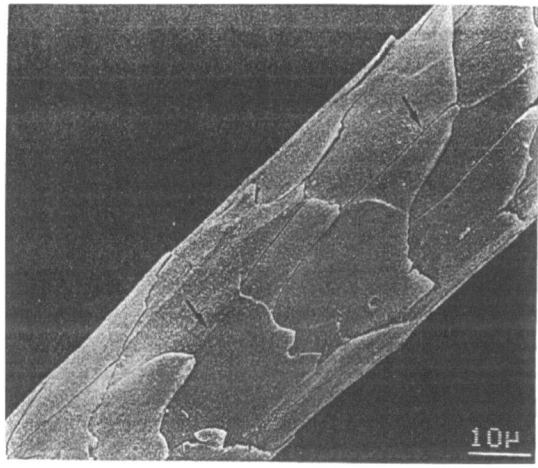

Photo 2.6: Une fibre de mohair montrant l'aspect de 'pointe à flèche' des écailles
(Phan K.-H., F.-J. Wortmann. 1997).

Contrairement au cachemire d'Asie (photo 2.5) les fibres fines de dromadaire
exhibent une forme d'écailles totalement différente qui est plus irrégulière (Phan, K.-
H. 2000). Beaucoup d'écailles sont à angles et montrent des pointes à flèche comme

41

le mohair (photo 2.6). De même, le bord de chaque écaille est couché dans la direction de l'axe de la fibre ce qui lui confère une surface douce (comparée à la laine, par exemple).

II. 1. 3 – La fréquence des écailles

La fréquence des écailles est un paramètre important dans la caractérisation des fibres animales spéciales et elle influe sur certaines propriétés de la fibre telles que sa résistance à la friction et le feutrage. La fréquence des écailles est définie comme étant le nombre d'écailles dans une longueur de la fibre de 100 µm.

Nous avons enregistré pour les fibres fines de dromadaire (diamètre < 30 µm) une fréquence des écailles de 5 à 8 écailles/100 µm avec une valeur moyenne de 7 écailles/100 µm, alors que pour les fibres grossières (diamètre > 30 µm) la fréquence des écailles est de 8 à 12 écailles/100 µm avec une valeur moyenne de 10 écailles/100 µm (Harizi T. et al 2014 b). Tucker, D.J (1990) a noté aussi une différence dans la fréquence des écailles entre les poils et les jarres de chèvre métis d'Angora/cachemire. Cependant, les différentes fibres de cachemire (les poils et les jarres) présentent une même fréquence qui est de 6-7 écailles/100 µm (Phan, K.-H. 2000).

Le tableau 2.2 illustre une comparaison des poils du dromadaire par rapport à d'autres fibres animales du point de vue fréquence des écailles (Phan, K.-H. 2000 ; Langley, K. et T. Kennedy. 1988). En effet, les valeurs mentionnées montrent que la laine a la plus faible fréquence des écailles avec 5,15 écailles/100 µm, c'est pourquoi le paramètre fréquence des écailles est aussi utilisé pour distinguer la laine des autres fibres animales spéciales.

En considérant la forte corrélation entre la fréquence des écailles et le diamètre de la fibre, nous pouvons confirmer la différence, du point de vue fréquence des écailles, entre le poil de dromadaire et le mohair. Cependant, il est difficile de distinguer le poil de dromadaire des autres fibres à savoir l'alpaca et le poil de chameau en se basant seulement sur la fréquence des écailles.

Tableau 2.2 : Comparaison de la fréquence des écailles de différentes fibres animales (Phan, K.-H. 2000 ; Langley, K. et T. Kennedy. 1988).

Type de fibre	Diamètre moyen (µm)	Fréquence des écailles/100 µm
Poil du dromadaire	19.5	7,05
Laine (B.A. Lambswool)	33,72	5.15
Mohair	35,36	6,8
Poil de chameau	17,13	5,2
Alpaca	35,04	9,7
Cachemire d'Asie	15,5	6,5

II. 1. 4 – La hauteur des bords des écailles

Selon une étude réalisée par Phan et al. (1988)(1996), la hauteur des bords d'écailles est le paramètre le plus important, après le paramètre diamètre des fibres. Dans cette étude ils ont suggéré, lors de l'utilisation du MEB pour l'identification des fibres, quatre paramètres classés suivant leurs importances : diamètre moyen des fibres ; hauteur moyenne, fréquence moyenne et forme des écailles.

Les résultats de notre étude (Harizi et al. 2006) montrent une nette différence de la hauteur moyenne des bords d'écailles entre le poil et la jarre qui sont respectivement de 0,24 µm et 0,12 µm. Ceci montre que, pour des fibres grossières, les bords d'écailles sont plus collés contre la surface de la fibre. De même, la grande dispersion qui se manifeste par des valeurs élevées du coefficient de variation (28% et 29,5%) est due à l'importante variation des diamètres des fibres dans les deux lots (poils et jarres).

Ces faibles valeurs de hauteur de bord d'écailles (inférieures à 0,4 µm) fond que les fibres sont relativement lisses au toucher et lustrées. Ceci a été montré pour d'autres fibres animales spéciales (tableau 2.3) contrairement à la laine qui présente une hauteur d'écaille d'environ 1 µm (Phan K.-H. 1988). La hauteur des écailles est un

43

important paramètre dans l'identification des mélanges laine/fibres animales spéciales où la hauteur est comparée à un point de référence de 0,6 µm (Robson D. 2000). En effet, la laine est une fibre dont la moyenne de la hauteur des écailles est supérieure à 0,6 µm.

Tableau 2.3: Comparaison de la hauteur des écailles de différentes fibres animales (Phan K.-H.1988).

Type de fibre	Hauteur des écailles en µm	Ecart type (µm)
Poil du dromadaire	0,24	0,06
Laine d'Argentine	1,00	0,05
Laine de France	0,75	0,02
Mohair	0,49	0,02
Cachemire d'Asie	0,35	0,01

II. 2 - Longueur des fibres

Le tableau 2.4 montre une longueur moyenne des fibres déjarrées de 20 mm sur le diagramme Hauteur (pondéré par le nombre). Cette longueur parait légèrement inférieure à celle des fibres de cachemire qui est respectivement de 24 à 36 mm et de 21 à 40 mm pour le cachemire de Chine et le cachemire d'Australie (Lijing W. 2005). Les proportions de fibres courtes (longueur < 15 mm) sont respectivement de 17,7% et 23,5% pour la matière brute et les fibres déjarrées. Cette hausse de la proportion des fibres courtes montre que la chute de la longueur après déjarrage est due à la rupture des fibres durant cette opération.

Tableau 2.4 : Résultats expérimentaux des essais de longueur des fibres de dromadaire.

	Diagramme Barbe			Diagramme Hauteur		
	B (mm)	CV$_B$ (%)	Fibres courtes < 15 mm (%)	H (mm)	CV$_H$ (%)	Fibres courtes < 15 mm (%)
Matière brute	39,5	53,1	17,7	24,6	78,0	46,7
Matière déjarrée	30,0	54,3	23,5	20,1	70,7	50,7

Nous avons montré précédemment que le diamètre moyen dans la région 2 est toujours inférieur à celui de la région 1 et ceci devient de plus en plus net avec l'accroissement de l'âge du dromadaire. Donc, l'écart de diamètre moyen entre les régions 1 et 2 sera de plus en plus important, ce qui explique la croissance de la longueur moyenne dans la région 1 et sa décroissance dans la région 2 (Figure 2.4). L'âge et la région du corps du dromadaire présentent un effet hautement significatif sur la longueur des fibres déjarrées (Harizi T. et al, 2007).

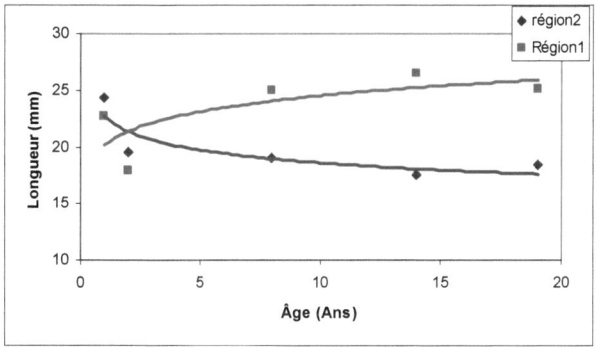

Figure 2.5 : Evolution de la longueur (Hauteur) en fonction des facteurs âge et région

Cependant, la longueur des fibres est généralement liée à leurs finesses. En filature les deux paramètres ensemble déterminent la limite de filabilité. Généralement, un rapport longueur/finesse supérieur à 1000 est recommandé pour qu'une fibre textile puisse être travaillée dans de bonnes conditions en filature. Ainsi, nous pouvons dire que le poil de dromadaire, qui a un rapport de presque 1700, présente des conditions satisfaisantes pour la filature.

II. 3 - Densité des fibres

La densité des fibres de dromadaire présente une nette différence entre les deux types de fibres constituant la toison du dromadaire. En effet, les densités mesurées dans les conditions décrites précédemment, du poil et de la jarre, sont respectivement de 1,32 et de 1,14 (Harizi T. 2010). Cette différence est due, probablement, au canal médullaire discontinu qui est plus important dans les jarres, fibres grossières de dromadaire.

Le tableau 2.5 présente une comparaison, du point de vue densité, des fibres de dromadaire avec d'autres fibres (Gassan J. & Beldzki A. K. 1996).

Le poil de dromadaire a la même densité que d'autres fibres du même genre à savoir le cachemire, le mohair, l'alpaga et la laine non médullée. D'autres travaux (Rae A. and Bruce R. 1982) ont rapporté la densité des fibres animales et indiqué que le cachemire, le mohair et l'alpaga ont la même densité que la laine non medullée avec une valeur de 1,31. Cependant, Luniak B. (1953) a trouvé que la densité des fibres creuses est de l'ordre de 1,12 - 1,33, et ceux de la laine non medullée et des cheveux humains sont 1,26 - 1,34.

Généralement les fibres animales ont une densité inférieure à celle des fibres d'origine végétale. Cette faible densité constitue une propriété importante pour certaines utilisations. En effet, les poils peuvent être utilisés dans la fabrication de produits à haute valeur ajoutée à base des poils comme les pulls, les écharpes, les châles, les vestes et les manteaux.

Les jarres sont des fibres grossières, rugueuses et rigides, donc leur application pour des articles d'habillement est presque impossible dans leur état actuel. Cependant, les fibres textiles sont appréciées dans les matériaux composites à cause de leur faible densité ce qui est particulièrement avantageux pour les jarres avec une densité de 1,14.

Tableau.2.5: Densités et volumes spécifiques de différentes fibres(Gassan J. & Beldzki A. K. 1996).

Fibres	Densité	Volume spécifique (cm^3/g)
Poil de dromadaire	**1,32**	**0,76**
Jarre de dromadaire	**1,14**	**0,87**
Laine	1,31	0,76
Cachemire	1,31	0,76
Mohair	1,31	0,76
Alpaga	1,31	0,76
Ramie	1,51	0,66
Coton	1,55	0,64
Verre – E	2,5	0,4

II. 4 - Taux de reprise des fibres

nous relevons qu'à 65% ± 4% d'humidité relative et 20°C ± 2°C de température, les taux de reprise des fibres de dromadaire tunisien (poil, jarre et matière brute non séparée) sont respectivement de 15,06%, 17,63% et 16,64% et que les teneurs en humidité sont respectivement de 13,09%, 14,99% et 14,27%.

Le tableau 2.6 illustre une comparaison des fibres de dromadaire par rapport à d'autres fibres naturelles du point de vue absorption d'humidité dans les conditions normalisées (65% d'humidité relative et 20°C de température).

Les fibres de dromadaire présentent un taux de reprise élevé par rapport à certaines fibres naturelles d'origine végétale. Cette valeur élevée, proche de celle de la laine, peut apporter des renseignements sur la grandeur du canal médullaire (pouvant fixer les quantités d'eau) et sur la cristallinité. Le taux de reprise est plus élevé pour les jarres, ce qui peut être expliqué par la présence d'un canal médullaire plus important pour la jarre que pour le poil.

Tableau.2.6: Taux de reprise de différentes fibres naturelles (Mc GOVERN J.N. 1990 ; Morton W. E., Hearle J. W. S. 1986).

Fibres		Taux de reprise légal R(%)	Teneur en humidité Q(%)
Fibre de dromadaire	Poil	**15,1**	**13,1**
	Jarre	**17,6**	**15,0**
	Matière brute	**16,6**	**14,3**
Laine		18,5	15,6
Soie		11	10,3
Coton		8 - 11	7,4 – 9,9
Lin		7	6,5
Ramie		6	5,6

III – Morphologie interne de la fibre de dromadaire

Généralement, la plupart des fibres kératiniques utilisées dans l'industrie textile ont été examinées en utilisant la microscopie électronique à transmission (MET). La laine, en particulier, a été le sujet de plusieurs études, et beaucoup de choses sont maintenant connues concernant sa structure interne. Ses cellules corticales se composent de macro-fibrilles contenant des micro-fibrilles incluses dans une matrice amorphe (Rogers, G. E. 1959). Sur la base de l'arrangement des micro-fibrilles dans la matrice, et également de l'arrangement des macro-fibrilles dans les cellules, trois types de cellules corticales ont été décrits pour quelques fibres animales : ortho-corticales, para-corticales et méso-corticales (Whiteley, K. J., and Kaplin, I. J. 1977 ; Tucker, D.J. 1988). L'arrangement et la proportion de ces cellules corticales changent d'une fibre à l'autre. En effet, la laine fine mérinos, qui est formée principalement de cellules ortho et para, montre un arrangement bilatéral (Frank R. R, 2001 ; Tucker, D.J. 1988), le cachemire contient les cellules ortho et méso (Tester, D.H. 1987), le mohair se compose principalement de l'ortho-cortex (Frank R. R, 2001).

L'analyse thermique représente un outil puissant pour étudier la structure fine des matériaux complexes telles que la laine et d'autres fibres animales. La calorimétrie à balayage différentiel (DSC) était la méthode généralement employée pour déterminer la cristallinité des polymères en mesurant l'enthalpie de fusion. Cette technique a été également largement répandue pour les laines (Cao J. 1997 ; Wortmann F.-J., Deutz H.J. 1998). En chauffant, les α-hélices dans les filaments intermédiaires fondent ou se dénaturent, provoquant un endotherme qui est aisément mesuré. D'ailleurs, les traces de calorimétrie à balayage différentiel (DSC) des laines et des poils, montrent des événements thermiques typiquement liés à la structure des fibres originales. C'est parfois utile pour les identifications de l'espèce des fibres (Tonin C., et al. 2002).

Le but de cette partie est de caractériser la structure fine des fibres de dromadaire en utilisant la calorimétrie à balayage différentiel (DSC) pour des températures allant jusqu'à 170°C. La transition thermique des α-hélices des jarres et des poils de dromadaire à divers âges a été étudiée. En outre, des échantillons de fibres fines d'un dromadaire de 5 ans ont également été étudiés en utilisant la microscopie électronique à transmission (MET), ainsi que l'analyse des acides aminés des fibres de dromadaire afin de pouvoir expliquer certaines propriétés de la fibre de dromadaire.

III. 1 – Analyse thermique (DSC) et microscopique (MET)

L'analyse au microscope électronique à transmission (MET) de la fibre fine de dromadaire présentée sur la photo 2.7 montre une coupe transversale nette (Harizi T. et al 2010). Les fibres fines de dromadaire présentent deux types de cellules corticales : ortho et para-cortex, et elles montrent une structure bilatérale classique. Les taches noires vues sur la micrographie de la photo 2.7 sont des restes du nitrate d'argent qui est utilisé lors de la préparation de l'échantillon. La preuve que le poil de dromadaire est bilatéral est en accord avec les résultats obtenus par Tucker et al (Tucker, D.J. 1988) qui ont trouvé que la fibre de chameau était bilatérale.

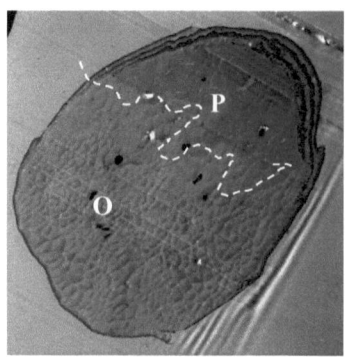

Photo 2.7: Photo de la section transversale d'une fine fibre de dromadaire
vue au MET. L'ortho-cortex (O) et le para-cortex (P) sont montrés sur la coupe.

Cependant, nous avons noté que la proportion de cellules ortho- (la proportion ortho-
est la surface d'ortho- dans la section en coupe transversale de la fibre divisée par la
surface totale de la même section) est plus élevée dans la fibre de dromadaire que
dans la fibre de chameau. Des investigations plus poussées et plus détaillées de MET
sur ces fibres sont nécessaires. Toutefois, nous pensons que la différence montrée par
les micrographies de MET fournit un conseil utile pour l'identification de ces fibres
dans un mélange.

Les figures 2.6 à 2.9 exposent les tracés du DSC (à haute pression) pour les poils et
les jarres de dromadaire et la laine de moutons de Tunisie (Harizi T. et al 2008)). Des
tracés parfaitement lisses de DSC ont été observés pour les jarres, les fibres non
déjarrées et la laine et sont montrés respectivement sur les figures 2.7, 2.8 et 2.9 mais,
pour les poils, le tracé (figure 2.6) montre certaines fluctuations et rugosités donnant
une nette irrégularité dans la courbe.

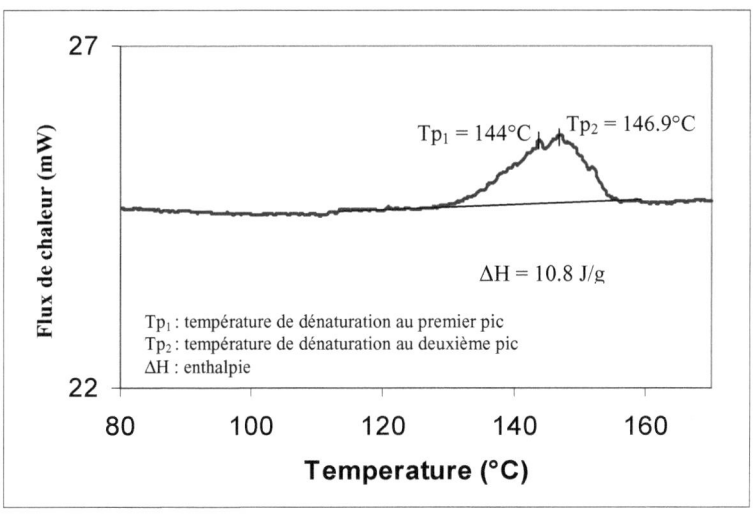

Figure 2.6: Tracé DSC des poils de dromadaire (les paramètres indiqués sur la courbe sont déterminés graphiquement).

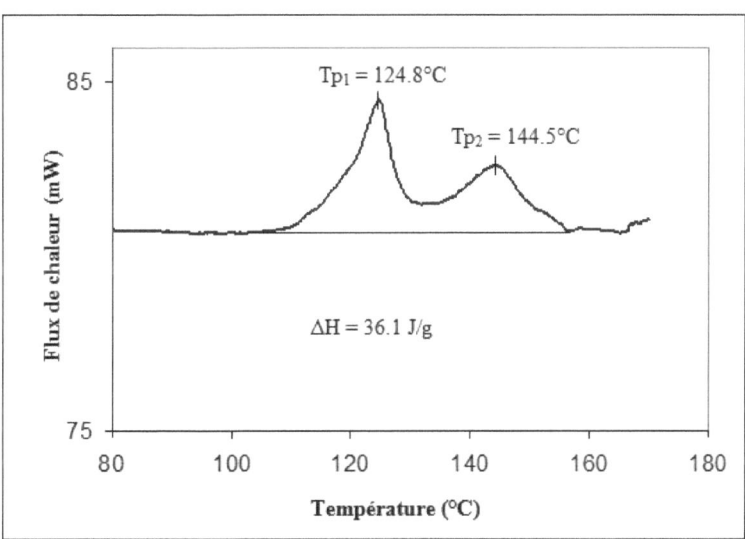

Figure 2.7: Tracé DSC des jarres (les paramètres indiqués sur la courbe sont déterminés graphiquement).

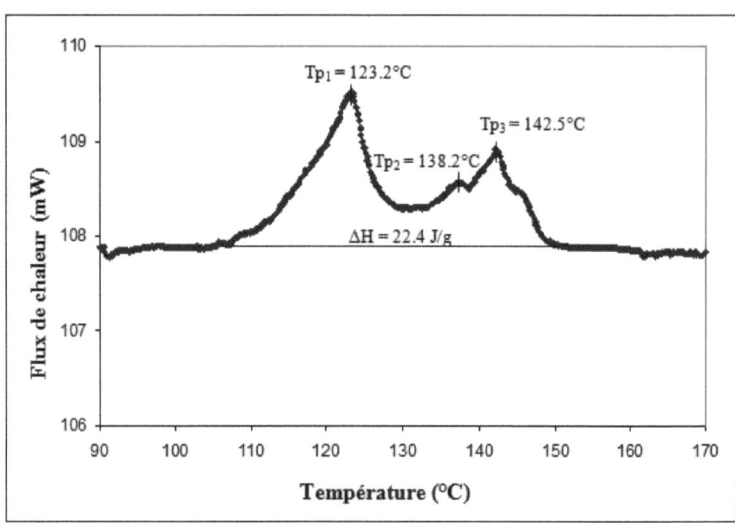

Figure 2.8: Tracé DSC des fibres non déjarrées du dromadaire.
(les paramètres indiqués sur la courbe sont déterminés graphiquement).

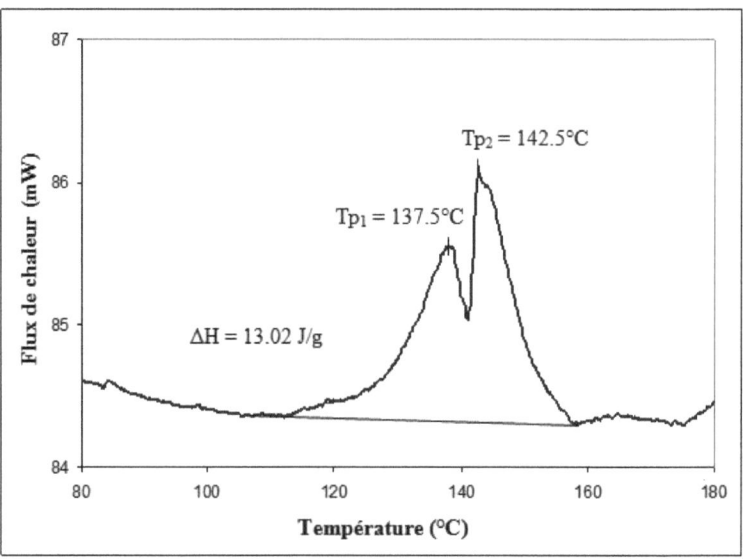

Figure 2.9: Tracé DSC de la laine (mouton de Tunisie).
(les paramètres indiqués sur la courbe sont déterminés graphiquement).

Le tracé de DSC de la figure 2.6, montre que le poil de dromadaire présente une structure à double pic, la première crête à une température de 144°C et la deuxième à une température de 146,9°C. La structure bimodale a été observée pour la laine et

52

d'autres fibres animales (Tonin C. 2002 ; Wortmann F.-J., Deutz H.J. 1993). Ce comportement a été expliqué essentiellement par deux principales théories : l'une a attribué le doublet aux différences dans la dénaturation thermique du matériau α-hélice sans considérer la dégradation d'autres composants histologiques, à savoir la matrice (Cao J. 1997 ; Spei, M., and Holzem, R. 1987 ; Spei, M. 1990); l'autre a attribuée le tracé bimodal aux différences dans l'enthalpie de transition du matériau α-hélice contenu dans les cellules ortho- et para-cortex (Wortmann F.-J., Deutz H.J. 1998 ; Huson M. 2000). La structure bimodale endothermique observée pour les poils en utilisant le HPDSC (DSC à Haute Pression) confirme l'analyse antérieure par microscopie électronique à transmission qui a montré la présence de deux types de cellules corticales, à savoir, ortho- et para-cortex.

Néanmoins, pour le tracé de DSC de cet échantillon de fibres de dromadaire d'un an, la différence entre les deux pics de température est très faible (2,9°C) et, par conséquent, la structure bimodale n'apparaît pas clairement. Wortmann F.-J., Deutz H.J. (1993) ont prouvé que les structures à double pic sont observées lorsque, dans un échantillon donné, les cellules corticales (ortho et para) ont une différence dans le contenu en cystine assez prononcée pour permettre la séparation des pics.

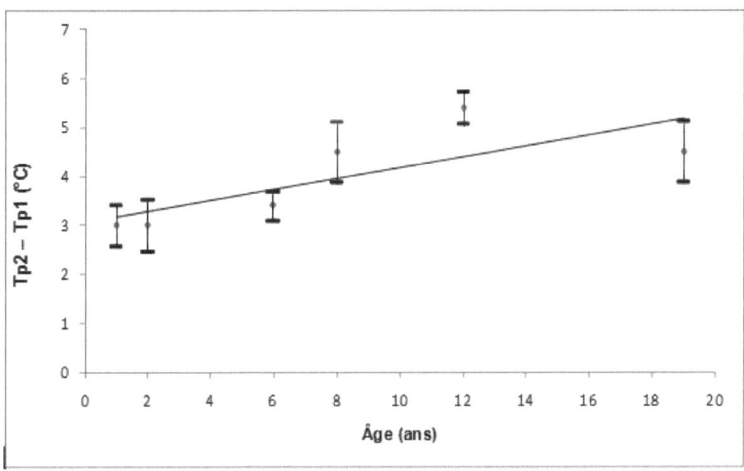

Figure 2.10: Evolution de la différence entre les pics de température des poils
en fonction de l'âge du dromadaire.

En outre, la figure 2.10 présente l'évolution croissante de la différence entre les deux températures de dénaturation du poil de dromadaire en fonction de l'âge de l'animal. Par conséquent, la structure à double pic apparaît de plus en plus claire. En se basant sur l'hypothèse mentionnée auparavant de Wortmann F.-J., Deutz H.J. (1993), nous suggérons que la différence dans le contenu en cystine entre le para-cortex et l'ortho-cortex soit plus importante pour le dromadaire plus âgé que pour le plus jeune.

Pour les jarres, le tracé de DSC (figure 2.7) montre une nette structure bimodale où les deux pics sont clairement observés. En effet, la différence entre les températures de dénaturation de l'ortho- et du para-cortex est autour de 20°C. Ceci explique pourquoi le tracé de DSC (figure 2.8) des fibres non déjarrées présente trois pics de température : la plus haute température est celle de la dénaturation du para-cortex alors que les deux autres pics (température basse et médiane) représentent les températures de dénaturation des cellules ortho-cortex respectivement des jarres et des poils. En effet, les deux types de fibres de dromadaire (poils et jarres) ont peut-être la même température de dénaturation du para-cortex. En outre, les enthalpies de dénaturation des fibres non déjarrées de dromadaire sont comprises entre celles des poils et des jarres qui sont respectivement de 12,9 J/g et de 36,2 J/g (voir figures 2.6 à 2.9 et tableau 2.7) et, par conséquent, la valeur de la température de dénaturation dépend de la proportion des deux types de fibres composant la matière non déjarrée. Ceci permet de postuler que, pour un mélange de fibres, les tracés de DSC fournissent des informations utiles pour leur identification.

Le tableau 2.7 récapitule les résultats pour les températures de dénaturation (pic de température Tp) et les enthalpies de dénaturation ΔH pour les fibres de dromadaire (poils et jarres) et la laine (moutons tunisiens). Les fibres de dromadaire, comme les laines, montrent un doublet endothermique. Les basses et hautes températures relatives aux deux pics ont des valeurs moyennes respectivement de 140,6°C et de 144,8°C. En outre, pour la laine, la différence entre les deux températures de dénaturation est d'environ 5°C. Wortmann F.-J., Deutz H.J. (1998), en utilisant des cellules corticales séparées, ont confirmé que les cellules ortho-corticales se

54

dénaturent à environ six degrés de moins que les cellules para-corticales. Dans un autre travail, Wortmann F.-J., Deutz H.J. (1993) ont prouvé que la température de dénaturation d'une gamme de différentes kératines est fonction de leur contenu en soufre.

Les températures de dénaturation des jarres sont distinctes de 20°C et sont situées à 124,8°C et 144,5°C respectivement pour le premier pic qui correspond à la dénaturation de l'ortho- cortex et le deuxième pic qui correspond à la dénaturation du para- cortex. Ceci peut être attribué à la différence importante dans le contenu en cystine entre les deux types de cellules corticales (ortho- et para.). En se basant sur l'hypothèse Wortmann F.-J., Deutz H.J. (1993)(1998), nous pouvons dire que pour les jarres, le taux de cystine dans le para-cortex est beaucoup plus important que celui dans l'ortho-cortex.

Tableau 2.7: Moyenne de la température de dénaturation (Tp), moyenne des enthalpies de dénaturation (ΔH) et de la cristallinité des fibres de dromadaire et de laine (mouton de Tunisie).

Type de fibres		Tp (°C)		ΔH (J/g)	Cristallinité (%)	
		1er pic	2ème pic		25%	30%
Fibres de dromadaire	Poils	140,6 (2,3)*	144,8 (2,5)	12,9 (2,1)	24	29
	Jarres	124,8 (1,7)	144,5 (2,1)	36,2 (1,8)	67	80
	Non déjarrées	122,5 (2,1)	142,1 (1,9)	22,4 (1,5)	42	50
Laine (mouton tunisien)		138,2 (1,5)	143,5 (1,8)	13,5 (1,2)	25	30

* : l'écart type de chaque paramètre est donné entre parenthèse

Les températures de dénaturation des fines et grosses fibres de dromadaire (voir le tableau 2.7) montrent des différences respectivement de 5°C et 16°C de dans le premier et le deuxième pic de température, ce qui montre que la température de dénaturation de l'ortho-cortex des jarres est plus faible que celle des poils. Ainsi, sur la base des températures de dénaturation, les jarres et les poils peuvent probablement présenter la même quantité de cystine dans le para-cortex, mais il y a une plus faible quantité de cystine dans l'ortho-cortex des jarres. Tucker et al. (1988) ont trouvé une différence significative dans le contenu en cystine entre les jarres et les fibres fines de cachemire.

Les enthalpies de dénaturation (voir tableau 2.7) des fibres de dromadaire (poils et jarres) montrent une importante différence. En effet, la valeur moyenne de l'enthalpie de dénaturation des fibres non déjarrées (22,4 J/g) est comprise entre celle des poils (12,9 J/g) et celles des jarres (36,25 J/g). Ceci est probablement dû à la nature de la matière brute des fibres de dromadaire qui comportent deux différents types des fibres : les poils et les jarres. Ainsi, l'enthalpie de dénaturation est fonction des deux proportions composant l'échantillon non déjarré des fibres de dromadaire.

La grande différence enregistrée entre les enthalpies de dénaturation des jarres et des poils, pourrait expliquer probablement l'importante différence dans les propriétés mécaniques de ces deux types de fibres étudiées et dont les résultats ont été publiés dans un article antérieur (Harizi et al. 2006). En effet, dans cet article nous avons enregistré les résultats des essais dynamométriques en traction simple des fibres fines (poils) et grossières (jarres) de dromadaire tunisien. Pour les poils, la contrainte, l'allongement à la rupture et l'énergie de rupture étaient respectivement de 212,15 MPa, 37,05% et 5,34 N.m et pour les jarres les valeurs de ces mêmes paramètres étaient de 220,89 MPa, 49,74% et 94,92 N.m.

Dans le tableau 2.7, l'enthalpie moyenne de dénaturation de la laine est de 13,5 J/g, ceci est en l'accord avec le résultat de Wortmann F.-J., Deutz H.J. (1993) qui ont constaté que l'enthalpie moyenne de dénaturation pour des laines mérinos est de 15 J/g. La faible différence est probablement due à la différence d'origine entre les deux types de laines. Pour le poil de dromadaire, l'enthalpie moyenne de dénaturation de 12,9 J/g est inférieure à celle des laines de mouton tunisien et des laines mérinos. En outre, nous avons calculé les teneurs en α-hélice dans ces fibres à partir de leurs enthalpies de dénaturation. La cristallinité est la fraction de la structure hélicoïdale présente dans les microfibrilles des fibres kératinique ; elle a été identifiée comme la fraction du matériau qui est impénétrable par l'eau. Dans la littérature (Feughelman M. 1994 ; Horikita M. et al. 1989), les valeurs de 25% et de 30% marquent la gamme de quantité de matériau hélicoïdal pour les laines en général. Ainsi, les teneurs en α-hélice (dégré de cristallinité) pour des fibres de dromadaire ont été calculées sur la base de leurs enthalpies de dénaturation relatives à celles des laines, en l'occurrence la laine sur laquelle nous avons travaillés. Dans les deux dernières colonnes du tableau 2.7, nous avons présenté les résultats pour les deux cas : 25% et 30% de teneur en α-hélice pour des laines sèches. Le degré de cristallinité des poils de dromadaire a des valeurs de 24% et de 29% sur les bases respectives de 25% et de 30% d'hélice en laines sèches. Ce résultat est en parfait accord avec les résultats de Horikita et al. (1989) qui ont utilisé la technique de diffraction des rayons X pour déterminer la cristallinité de plusieurs fibres animales. Ils ont trouvé une proportion comprise entre 24 et 31% pour différentes laines et différentes fibres de chèvre et de camélidé. Néanmoins, les données illustrées par la figure 2.11 prouvent que le degré de cristallinité change avec l'âge de l'animal.

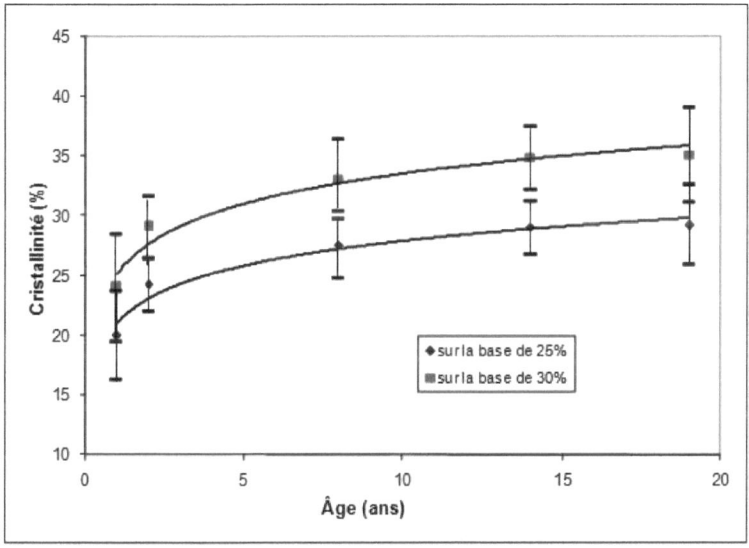

Figure 2.11: Evolution de la cristallinité du poil en fonction de l'âge du dromadaire.

Le degré de cristallinité des échantillons examinés a évolué de 20 à 29 % et de 24% à 35% sur les bases respectives de 25% et de 30% d'hélice en laines sèches. Ceci montre que la structure macromoléculaire de la kératine devient de plus en plus ordonnée avec le développement morphologique des poils de dromadaire. Le degré de cristallinité augmente rapidement jusqu'à l'âge d'environ 10 ans, et montre une croissance très lente (presque constante) au delà. Pour la laine, le degré de cristallinité atteint sa valeur maximale après 365 jours de la vie du mouton et il semble que cette valeur ne change pas après (Andrzej W. and Teresa M. 1968).

L'augmentation de la teneur en α-hélice selon l'âge du dromadaire reflète en général une petite perte de résilience et de douceur pour la fibre ; ceci explique pourquoi les fibres grossières ont plus de rigidité. En effet, pour des fibres de dromadaire, le degré de cristallinité des jarres est presque trois fois plus grand que celui des poils. Ceci montre que la différence entre les poils et les jarres réside non seulement dans l'aspect morphologique de la surface mais également dans la structure fine des fibres. Ces données prouvent que la rigidité des jarres est très élevée et expliquent pourquoi ces fibres grosses sont considérées comme extrêmement nuisibles à la qualité des poils de dromadaire.

III. 2 – Composition chimique

La substance chimique du poil de dromadaire s'appelle la kératine. C'est une protéine que l'on retrouve dans les ongles, les éléments cornés, la peau et les cheveux. La kératine est une matière protéinique complexe qui se décompose d'une vingtaine d'acides aminés dont la cystine. Cette dernière contient du soufre et donne à la molécule des propriétés élastiques ainsi qu'une grande résistance à la rupture.

Les kératines constitutives des cellules corticales sont de deux types. Les unes, comportant des macromolécules hélicoïdales (hélices alpha) assemblées entre elles comme les brins d'un retors, forment des microfibrilles. Les autres sont composées de macromolécules en pelote (forme bêta) ; elles forment un ciment élastique qui unit les microfibrilles. L'association de ces deux formes de kératines assure la cohésion latérale de la fibre de kératine.

Le tableau 2.8 présente les résultats des analyses des aminoacides de six échantillons de poil de dromadaires de couleur marron âgés de cinq ans et de deux échantillons de laine mérinos (Harizi T. 2010). La composition en acides aminés montre que la quantité d'acide cystéique dans le poil est presque le double (1,73 fois) de celle présente dans la laine, ceci est certainement dû à une oxydation de la cystine par le soleil.

En général, dans la fibre animale il n'y a presque pas d'acide cystéique, mais il se forme par oxydation de la cystine. Dans une fibre qui n'a pas subi de traitements industriels, une légère quantité d'acide cystéique se forme généralement par oxydation de la cystine par le soleil.

Le poil de dromadaire contient 10% de cystine de moins que la laine. Roberts M.B., (1973), qui a comparé le cachemire de Mongolie (16,9 µm de diamètre) et la laine lambswool d'Afrique du Sud, a trouvé que le cachemire a presque 11% de cystine de plus que la laine. Tucker et al. (1988) ont montré que le paramètre diamètre ne présente aucun effet sur la quantité de cystine contenue dans le cachemire.

La présence de l'acide glutamique explique l'affinité des fibres animales pour les colorants acides. Ainsi, d'après les résultats du tableau 2.8, le poil de dromadaire renferme 12% d'acide glutamique de plus que la laine et il présente donc une affinité plus élevée pour les colorants acides.

Les acides aminés des fibres animales forment trois types de protéines : à haute quantité en soufre, à faible quantité en soufre et à haute quantité en glycine et tyrosine. Kulkarni V.G. (1975) a considéré que la mesure de la teneur en protéines à faible teneur en soufre, en faisant la somme de acide glutamique (Glu), de leucine (leu), d'acide aspartique (Asp), d'alanine (Ala) et de lysine (Lys) peut être prise comme indice brut d'alpha hélice, et la somme de cystéine (Cys), de serine (Ser), de tyrosine (Thr) et proline (Pro) peut être employée comme indice brut hautement sulfureux pour la proportion en protéines à haut teneur de soufre.

D'après les résultats présentés dans le tableau 2.9. Il est clair que le poil de dromadaire a un indice d'alpha hélice supérieur et un index sulfureux plus faible que les indices correspondants de la laine étudiée.

Tableau 2.8 : Analyse aminoacide des poils de dromadaire et de laine en moles/100 moles.

Acides Aminées		Laine mérinos	Poil du dromadaire	
Nom	Abrégé	Moyenne	Moyenne	écart type
A. cystéique	CYA	0,15	0,265	0,019
A. aspartique	ASP	7	7,9675	0,118
Serine	SER	14,825	13,7025	0,165
A. glutamique	GLU	12,325	13,955	0,109
Glutamine	GLY	6,95	6,3875	0,073
Histidine	HIS	1,33	1,21	0,056
Arginine	ARG	5,93	6,205	0,034
Thréonine	THR	5,885	5,7175	0,135
Alanine	ALA	5,925	6,0475	0,155
Proline	PRO	6,19	5,925	0,016
Cystine	1/2CYS	9,31	8,4575	0,044
Tyrosine	TYR	3,075	2,5775	0,016
Valine	VAL	5,445	5,5125	0,035
Méthionine	MET	0,405	0,5725	0,032
Lysine	LYS	3,525	3,44	0,014
Isoleucine	ILE	3,035	3,02	0,035
Leucine	LEU	6,61	6,7825	0,087
Phénylalanine	PHE	2,085	2,245	0,045

De même, Tucker et al. (1988), en étudiant la composition en acides aminés d'un groupe de fibres animales spéciales, ont trouvé que la seule différence nette réside dans les teneurs en cystine et en acide cystéique. En effet, les fibres de yack, de chameau, de guanaco, d'alpaga et de lama présentent un niveau élevé d'acide cystéique comparé à celui de la laine. Ils ont supposé que cette différence est due essentiellement au phénomène de photo-dégradation.

D'ailleurs, Robbins C. R. and Kelly C. H. (1970) ont examiné un échantillon de cheveux d'enfant (de 4 semaines), donc jamais exposé directement à la lumière du soleil ; l'analyse de ces cheveux a indiqué que la teneur en acide cystéique peut être négligeable. Il en a déduit que la teneur en acide cystéique des hydrolysats des cheveux non oxydés et non réduits est attribuable aux effets du phénomène de photo-dégradation, et pas simplement à l'hydrolyse ou à la préparation du témoin.

Tableau 2.9 : Proportion de protéines à haute et à faible quantité en souffre du poil de dromadaire et de la laine de mouton en moles/100 moles.

	Type d'acide	Fibre de laine	Poil de dromadaire
Protéines à faible quantité en Soufre	acide glutamique (Glu)	12,325	13,955
	leucine (leu)	6,610	6,782
	acide aspartique (Asp)	7,000	7,967
	alanine (Ala)	5,925	6,047
	lysine (Lys)	3,525	3,44
	Total	**35,385**	**38,192**
Protéines à haute quantité en Soufre	cystéine (Cys)	9,310	8,457
	serine (Ser)	14,825	13,702
	tyrosine (Thr)	3,075	2,577
	proline (Pro)	6,190	5,925
	Total	**33,400**	**30,662**

En se basant sur ce postulat, nous pouvons énumérer deux causes principales influant sur le degré du phénomène de photo-dégradation :

- L'âge de l'animal : le dromadaire le plus âgé est plus longtemps exposé à la lumière et le phénomène de photo-dégradation est plus important, conduisant à un niveau d'acide cystéique plus élevé.

- La couleur de la fibre : il est connu que la couleur noire foncée absorbe la lumière plus que les autres couleurs ; donc, les fibres animales de couleur noire ou marron foncé contiennent probablement la plus grande quantité d'acide cystéique.

IV – Propriétés mécaniques

Les propriétés mécaniques des fibres textiles, réponses à des sollicitations mécaniques (charge ou déformation), sont probablement les propriétés les plus importantes techniquement car elles définissent, d'une part, le comportement des fibres lors des différents processus de transformation et, d'autre part, les propriétés des produits finis fabriqués à base de ces fibres.

En effet, les propriétés mécaniques des structures textiles comme les fils ou les étoffes dépendent largement d'une interaction entre l'arrangement et les propriétés des fibres qui les constituent. Les propriétés mécaniques des fibres textiles permettent de dessiner les limites des performances mécaniques de la structure textile. Ainsi, pour un filé composé de fibres, on ne peut pas avoir une résistance supérieure à la somme des maximums de résistance des fibres unitaires qui le constituent.

Vu leur disposition au sein de la structure textile, les fibres sont plutôt sollicitées en traction dans la majorité des applications. Les paramètres les plus importants à étudier dans ce cadre sont l'allongement et la résistance à la rupture. Mais, la connaissance des propriétés de flexion et de fatigue est dans certains cas indispensable.

IV. 1 – Contrôle de la résistance à la traction

L'essai de traction consiste à soumettre les fibres à un effort de traction parallèle à leurs axes dans des conditions bien déterminées jusqu'à la rupture (NFG 07-002. 1985).

Les paramètres les plus importants à déterminer et qui permettent de décrire au mieux ce contrôle sont, par conséquent, la charge de rupture et l'allongement correspondant qui est l'allongement de rupture. Les valeurs moyennes sont reportés dans les tableaux 2.10 (Harizi T. 2010).

Parmi l'ensemble des fibres testées, seulement les diagrammes charge-allongement de trois sont présentées dans la figure 2.12. Ces diagrammes présentent sensiblement la même forme avec une grande similarité avec le diagramme obtenu pour les fibres de laine. La contrainte à la rupture et le module initial, pour les trois fibres, sont respectivement 159 MPa et 4,15 GPa, 168 MPa et 4,47 GPa et 162 MPa et 2,81 GPa.

Tableau 2.10: Résultats expérimentaux des essais de traction des jarres et des poils.

		Surface moyenne (μm^2)	Module initial (Gpa)	Contrainte à la rupture (MPa)	Allongement à la rupture (%)	Energie de rupture $x10^4$(Joules)
Jarres	**Moyenne**	5785,46	2,79	140	38,22	41,19
	CV%	31,53	11,36	19,57	16,76	27,7
Poils	**Moyenne**	352,56	4,28	170,4	35,23	4,51
	CV%	26,40	6,81	7,93	11,72	35,5

La disposition relative des différents diagrammes obtenus sur les différentes fibres confirme la forte dispersion décrite par les valeurs élevées des coefficients de variation de toutes les caractéristiques mécaniques de cet essai de traction. Cette dispersion peut être ramenée à la dispersion du diamètre des fibres de dromadaire. Ceci a été démontré par Wang L. et Wang X. (1998) ont trouvé que les coefficients de variation de toutes les caractéristiques mécaniques peuvent être estimés à partir du coefficient de variation du diamètre pour la laine mérinos.

Les courbes de la figure 2.12, représentant un diagramme charge-allongement, sont caractérisées par trois zones distinctes décrivant des comportements particuliers :

- Une première zone linéaire régie par la loi de Hooke où la charge est proportionnelle à la déformation. Dans cette zone de faible extension, la récupération élastique est habituellement totale.

- Une deuxième zone d'extension caractérisée par une large déformation pour une faible charge, dans cette zone la récupération n'est pas totale.

- Une troisième zone ayant une pente importante conduisant à la rupture.

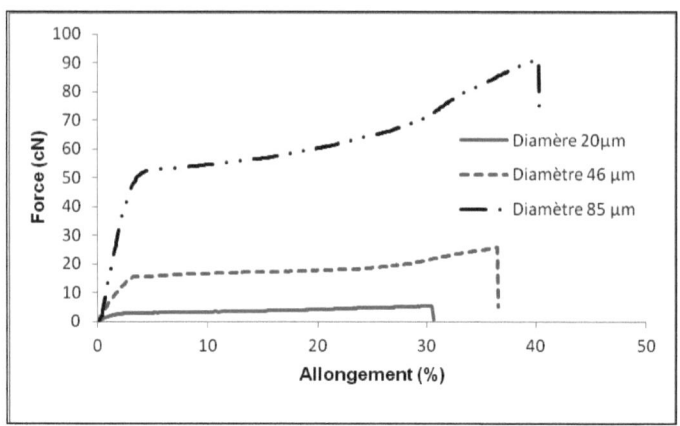

Figure 2.12: Diagrammes charge-allongement de trois fibres de dromadaire de diamètres respectifs 20, 46 et 85 μm.

Du point de vue structure macromoléculaire, et en se basant sur les analyses de Morton W. E. (1986), nous pouvons expliquer l'allure des trois zones de déformation différentes par le fait que dans la première zone, les fibres présentent un caractère faiblement élastique, dans la deuxième zone, les fibres ont un comportement plutôt viscoélastique où une partie de la déformation devient irréversible (Postle R. 1988) alors que dans la troisième, les chaînes macromoléculaires sont complètement redressées et l'extension devient difficile ce qui engendre la rupture de la fibre.

La figure 2.13 présente l'évolution du module initial à la traction des fibres de dromadaire en fonction de leur diamètre. Cette évolution est pratiquement linéaire et décroissante, c'est-à dire que la zone élastique est plus importante pour les fibres grossières. Plusieurs chercheurs (Wortmann F.-J. and H. Zahn. 1994 ; Feughelman M. 1979 ; Hearle J. W. S. 1971) ont supposé que les propriétés de la fibre à l'extension sont attribuées uniquement au cortex qui présente le cœur de la fibre alors que la contribution de la cuticule est négligeable vue que cette dernière ne représente que 10% de la masse totale de la fibre. A partir des deux tableaux 2.10, le calcul de l'énergie de la rupture par unité de surface des poils et des jarres donne respectivement 1,3 et 0,7 µJ/µm². En se basant sur le postulat de Feughelman M. (1979) qui supposait que le cortex de la laine est composé de deux phases ; les microfibrilles et la matrice et que l'essai de traction est régi essentiellement par les microfirilles, nous pouvons estimer que la proportion de microfibrilles dans les jarres est presque le double de celle dans les poils. L'étude thermique (à la DSC) des fibres de dromadaire présentée précédemment a montré que la proportion de microfibrilles dans les jarres est trois fois plus importante que celle dans les poils.

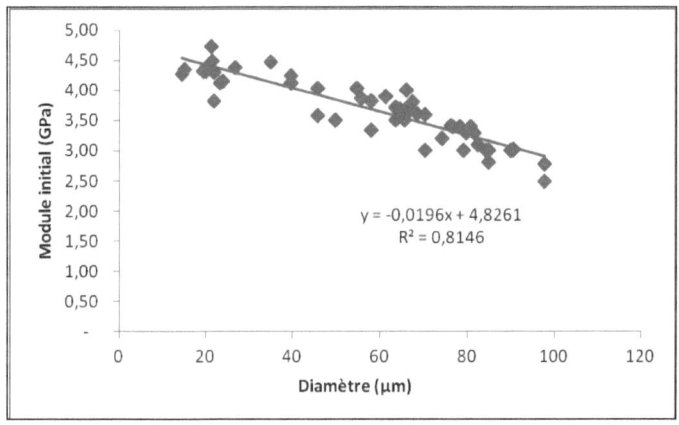

Figure 2.13 : Evolution du module initial en fonction du diamètre
des fibres de dromadaire.

Pour mieux situer les poils de dromadaire par rapport à d'autres fibres et pour mettre en évidence leurs performances particulières, nous proposons le tableau 2.11 ci-dessous illustrant une comparaison de différentes fibres textiles du point de vue propriétés mécaniques (Ukhnaa S.2001 ; Watson, M. T. et Martin, E. V. 1966).

Avant de discuter les données indiquées dans ce tableau, il faut préciser que pour nos échantillons, la longueur de l'éprouvette (longueur de la fibre entre pinces) est de 30 mm alors que pour les autres fibres les propriétés mécaniques ont été déterminées sur des éprouvettes de 25 mm. En effet, la longueur de l'éprouvette est un paramètre d'une importance capitale dans l'évaluation des propriétés mécaniques. Plusieurs chercheurs (Msahli S. 2002 ; Lijing W. et al. 2005 ; Moon H. 1993 ; Mukherjeep S. and Satynaryana K. G. 1986) ont montré que plus la longueur de l'échantillon est grande, plus la résistance mesurée de la fibre est faible.

Le tableau 2.11 montre clairement que toutes les fibres kératiniques présentent un allongement à la rupture plus important et un module initial plus faible que les autres fibres mentionnées. En effet, au microscope électronique, la kératine se présente sous forme de plaques disposées en tuiles (Pierre Le Perchec 2009 ; Yasuaki S. 2005). Cette architecture originale explique l'élasticité des fibres kératiniques. C'est ce qui aussi explique les propriétés de mise en forme temporaire ou permanente des étoffes à base de ses fibres.

Tableau 2.11 : Comparaison des propriétés mécaniques de différentes fibres (Msahli S. 2002 ; Ukhnaa S. 2001 ; Watson, M. T. et Martin, E. V. 1966).

	Diamètre (µm)	Allongement (%)	Contrainte (MPa)	Mo (GPa)
Poil de dromadaire	**21,19**	**35,2**	**170,40**	**4,28**
Poil de chameau	20,76	36,8	185,01	4,26
Cachemire	17,39	35,6	185,35	4,43
Laine mérinos	22,01	30,7	152,99	3,56
Mohair	36,84	40,4	214,49	4,90
Alpaga	29,91	35,8	180,32	4,93
Vigogne	13,94	22,8	151,89	3,95
Coton	-	3 – 10	-	7,55
Fibres de verre -E	-	2,5	-	73,5
PET (HT)	-	7	-	18,1

De même, la différence entre les fibres écailleuses, du point de vue allongement à la rupture et élasticité, peut probablement être expliquée en se basant sur l'hypothèse proposée précédemment pour interpréter la différence dans les résultats trouvés pour les poils et les jarres, essentiellement en ce qui concerne l'allongement à la rupture et l'élasticité. En effet, pour des diamètres équivalents, la fibre qui présente le plus important chevauchement des écailles (c'est à dire que chaque écaille recouvre la suivante, dans le sens racine-pointe, sur une grande partie de sa surface) admet probablement le plus important allongement à la rupture et le plus faible module initial.

IV. 2 – Contrôle de la rigidité à la flexion

La contrainte à laquelle les fibres sont exposées dans une étoffe textile n'est pas due seulement à l'extension mais aussi à des forces de flexion et de torsion. En effet, la qualité sensorielle des étoffes (toucher et drapé) peut être estimée connaissant la rigidité à la flexion de la fibre individuelle.

Dans le cas des matériaux homogènes et isotropes, les valeurs du module initial calculées à partir des essais en flexion ou en traction sont théoriquement les mêmes. Ainsi, la comparaison du module initial à la traction et du module de rigidité à la flexion présente un moyen pour estimer l'homogénéité de la fibre.

IV. 2. 1 – Définition de la rigidité à la flexion

La rigidité à la flexion d'une fibre est définie comme étant le couple de force par unité de courbure nécessaire à faire fléchir cette fibre. La courbure est l'inverse du rayon de l'arc de cercle décrit par la fibre. Cette définition élimine donc l'effet direct de la longueur de l'éprouvette (Morton W. E., Hearle J. W. S. 1993).

L'application des lois de la mécanique des solides à une poutre donne la formule de la rigidité à la flexion suivante (Msahli S. 2002):

$$R = \frac{1}{4\pi} \times \frac{\eta \times E \times T^2}{\rho} 10^{-3}$$

Avec :

R : rigidité à la flexion exprimée en N.mm^2,

η : facteur de forme (égal à 1 pour une section circulaire de la fibre),

ρ : masse volumique de la fibre exprimée en g/cm^3,

E : module spécifique (N/tex), défini comme étant le module d'Young rapporté à la densité de la fibre,

T : titre de la fibre en tex.

La rigidité à la flexion peut également être exprimée en tant que grandeur spécifique indépendamment du titre. Son expression est obtenue en divisant R par le carré du titre, ce qui donne la formule suivante :

$$R_s = \frac{1}{4\pi} \eta \frac{E}{\rho} 10^{-3}$$

Dans ce cas R_s est exprimée en N.mm^2/tex^2.

IV. 2. 2 – Mesure de la rigidité à la flexion

Il y a deux différentes techniques de mesure de la rigidité à la flexion : statique et dynamique.

Technique de mesure statique

La rigidité à la flexion d'une fibre peut être mesurée en suspendant l'échantillon par ces deux extrémités et en lui appliquant une déformation au niveau du centre. Ainsi, un système de mesure de la résistance à la traction peut être modifié pour mesurer la rigidité à la flexion comme illustré sur la figure 2.14 ci-dessous (Morton W. E., Hearle J. W. S. 1993).

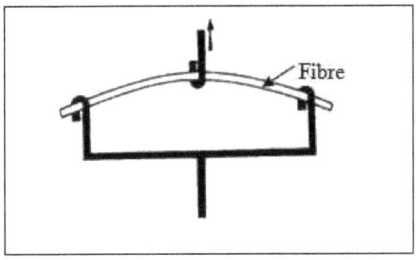

Figure 2.14: Adaptation d'un système de traction pour mesurer la rigidité à la flexion.

Technique de mesure dynamique

Si une fibre est maintenue à une extrémité et à l'autre extrémité libre est balancée à un côté et puis libérée, elle vibrera à sa fréquence normale. En appliquant à la fibre des impulsions transversales dont la fréquence égale à sa fréquence normale, la résonance se produira et la vibration sera maintenue à la grande amplitude, qui diminue si la fréquence d'excitation est altérée de la fréquence de résonance. Par observation de cette fréquence, la fréquence normale de la fibre est mesurée et par conséquent la rigidité à la flexion est calculée. Ainsi, un système de mesure dynamique de la rigidité à la flexion est illustré dans la figure 2.15.

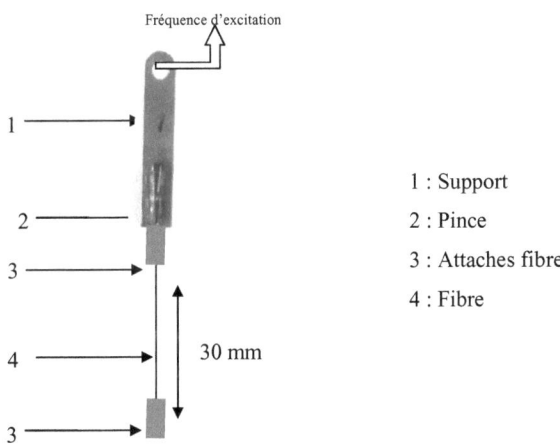

Figure 2.15 : Le système de mesurer dynamique de la rigidité à la flexion.

69

Pour des fréquences audio et de petites amplitudes comparées à la longueur de la fibre testée, la rigidité à la flexion est calculée à partir de la formule suivante :

$$B = \frac{4 \times \pi^2 \times A \times \rho \times l^4 \times f^2}{m^4}$$

- B : rigidité à la flexion (10^{-3}.gf.cm^2)
- A : surface de la section transversale (μm^2)
- ρ : densité de la fibre
- l : longueur de la fibre (mm)
- f : fréquence (KHz)
- m : constante qui dépend du mode de vibration, dans notre cas m est de 1,8751

La rigidité moyenne et la dispersion des valeurs mesurées pour les trois types des fibres de dromadaire, à savoir les fibres fines (diamètre < 30 µm), les fibres moyennes (30 µm < diamètre < 50 µm) et les fibres grossières (diamètre > 50 µm) sont respectivement de 1,43*10^{-3}.gf.cm^2 (30,94%), 2,43*10^{-3}.gf.cm^2 (26,91%) et 4,59*10^{-3}.gf.cm^2 (27,75%) (Harizi T. 2010).

La figure 2.16 montre une forte corrélation entre la rigidité à la flexion et le diamètre de la fibre de dromadaire. La rigidité croit proportionnellement au diamètre de la fibre, c'est pourquoi la fibre fine (poil) est plus souple que la grosse fibre (jarre). L'étude thermique (au DSC) des fibres du dromadaire présentée précédemment a montré que la cristallinité dans les jarres est trois fois plus importante que dans les poils, ceci explique probablement pourquoi les fibres grossières sont plus rigides.

Tsuji et al. (2000) ont trouvé une importante corrélation entre le diamètre et la rigidité des cheveux humains, mais ils ont mentionné qu'il y a d'autres facteurs déterminant la rigidité. En effet, ils ont spéculé que la cause principale de la rigidité des cheveux est la liaison hydrogène plutôt que la liaison disulfure et que le rapport γ kératine/α-kératine est un facteur clé de la rigidité des cheveux, ce qui signifie que les cheveux souples ont tendance à avoir moins de γ kératine et plus d'α-kératine.

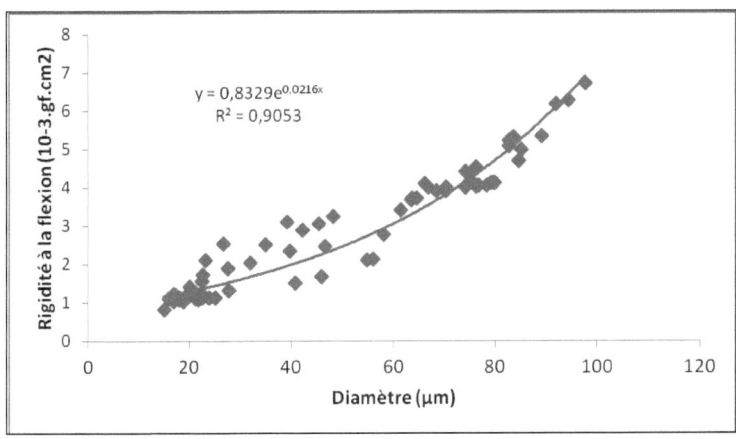

Figure 2.16: Evolution de la rigidité à la flexion en fonction du diamètre de la fibre de dromadaire.

Le module de rigidité à la flexion est déterminé par calcul en appliquant la formule suivante :

$$E = \frac{B}{I}$$

Avec B : la rigidité ; I : le moment géométrique d'inertie de la section transversale de la fibre. Pour les fibres de section circulaire, $I=\pi.r^4/4$. En se basant sur la vue au MEB, la fibre de dromadaire est considérée comme étant de section circulaire.

Ainsi, les modules de rigidité moyens calculés pour les fibres fines, moyennes et grossières présentées dans le tableau 2.11 sont respectivement de 9,01 GPa, 1,40 GPa et 0,25 GPa.

Pour les poils de dromadaire, le module d'Young et le module de rigidité à la flexion présentent une nette différence ce qui explique que cette fibre est loin d'être considérée comme matériau homogène et isotrope. En utilisant la méthode de mesure statique, Khayatt R. and N. H. Chamberlain (1948) ont obtenu une valeur de module de rigidité de la laine légèrement inférieur au module d'Young, Kawabata et al (2000) ont considéré que cette différence entre les deux valeurs est non significative

71

et ils ont remarqué que l'égalité est confirmée entre le module de rigidité à la flexion et le module d'élasticité d'une laine mérinos de diamètre 20,7 µm. Kazuo W. and Eiichi J. (1970), en utilisant la méthode de mesure dynamique, ont cité une valeur du module de rigidité à la flexion plus grande que celle du module d'élasticité.

Etant donnée l'absence d'une méthode de mesure normalisée pour la détermination des propriétés mécaniques à la flexion des fibres, le faible nombre de travaux réalisés montrent une grande différence dans les résultats trouvés. Il est certain que d'autres investigations semblent être nécessaires dans ce sens.

Chapitre 3: Processus de transformation de la matière

I – Introduction

Le duvet intérieur du chameau ou du dromadaire est parmi les fibres animales les plus fines et les plus souples traitées par l'industrie textile.

La toison des chameaux et des dromadaires comporte deux types de fibres tout à fait différentes : des duvets intérieurs très fins et des poils extérieurs grossiers. La toison est donc formée par des fibres non triées mélangées antérieurement. Afin de produire, dans de bonnes conditions, des textiles de haute qualité à partir de ces fibres non triées, il est essentiel de séparer les poils grossiers du composant fin.

Généralement, dans la transformation de toute fibre animale spéciale en fil, des machines semblables à celles utilisées dans le cas de la laine sont employées. Néanmoins, le poil du dromadaire, comme toute fibre animale spéciale, n'est pas une fibre facile à traiter, en particulier dans le filage. Un secret considérable existe même aujourd'hui au sujet des conditions précises de traitement utilisées; les sociétés travaillant ces genres de fibres et qui ont accumulé cette connaissance spécialisée ne la partagent pas parce qu'elle leur fournit un avantage concurrentiel.

Habituellement, le déjarrage est considéré comme la phase clef dans ce processus de filage. En effet, c'est la qualité de fibres déjarrées (diamètre moyen, longueur moyenne et CV%) qui dicte le choix du type de filature et du matériel à utiliser.

Ainsi, ce chapitre est divisé en deux grandes parties : dans la première nous rappellerons les techniques de séparation et, dans la deuxième, nous décrirons le processus de filature que nous avons utilisé pour produire des fils cardés et peignés à base des poils de dromadaire.

II - Techniques de séparation (déjarrage)

La séparation entre les poils (duvets intérieurs très fins) et les jarres (fibres extérieures grossières) contenus dans la toison de dromadaire dépend principalement des différences dans les composants à séparer. Ces différences concernent les caractéristiques de diamètre, de longueur, de rigidité, de masse et de surface spécifique de la fibre ainsi que l'effet d'accrochement des deux composants (Algaa S et Maegel M. 1992).

II.1 – Méthodes de séparation

Auparavant, le déjarrage était un processus purement manuel où la séparation entre les poils (duvet intérieur) et les jarres (poils extérieurs) est basée sur des critères externes de la fibre tels que la grosseur, la douceur et la couleur. Cette méthode est épuisante et improductive, mais fournit la meilleure séparation en préservant les propriétés mécaniques des fibres.

Le déjarrage peut être divisé, suivant les principes de base, en trois classes : par cardage, par peignage et par force pneumatique.

II.1.1 – Déjarrage par cardage

Le déjarrage par cardage est effectué en utilisant les rouleaux de carde (figure 3.1). L'action du cardage est réalisée entre le rouleau travailleur et le rouleau débourreur. Les jarres restent accrochées aux dents du rouleau travailleur. Le rouleau débourreur, tournant rapidement, exerce une action saisissante sur les fibres de jarre. Ceci enlève une proportion de jarres des fibres présentées dans le transfert à partir du travailleur au "décolleur". Plusieurs méthodes de déjarrage mécanique des poils d'animaux non triés, basées sur la technique de cardage, sont décrites dans la littérature (Glotzer, L.M, Tschuikowa, N. J. 1956).

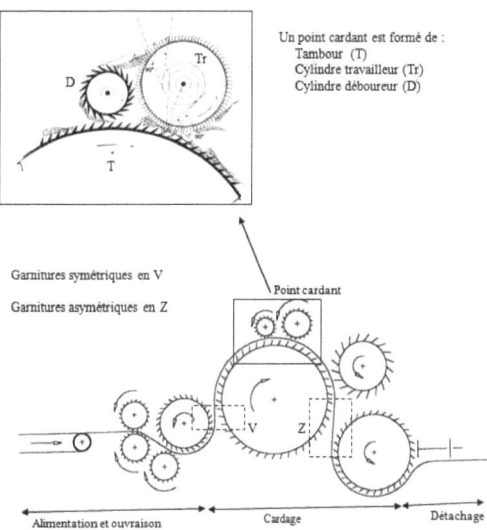

Figure 3.1 : Schéma de principe d'une carde type laine.

II.1.2 – Déjarrage par peignage

Le critère de séparation pour déjarrer en peignant est la différence de longueur des différentes fibres (poils et jarres). Dans le processus peigné, les fibres longues comportant les jarres, forment le ruban peigné. Les fibres courtes qui sont enlevées comportent principalement des duvets intérieurs et ceux-ci forment la blousse.

La fonction principale du stade de peignage est d'enlever les fibres courtes et d'augmenter l'uniformité de la longueur des fibres dans le ruban peigné. Le pourcentage de fibres longues dans le ruban peigné est ainsi augmenté. Le peigne enlève également les corps étrangers.

La machine trieuse de longueur des fibres développée par Sant'Andrea Novara, constructeur des machines textiles, opère selon le principe du peignage (Moia, G. 1985). Le principe est associé au rapport direct entre la finesse et la longueur des

75

fibres. Etant donné que la distribution de la longueur des poils et la distribution de la longueur des jarres présentent une zone de chevauchement, il est évident que la séparation des constituants n'est pas garantie dans les secteurs où les deux distributions de longueur se recouvrent (Algaa S et Maegel M. 1992).

II.1.3 – Déjarrage par force pneumatique

Le déjarrage par des moyens pneumatiques est effectué par l'action des forces données par un flux d'air. Ce dernier permet de lancer plus loin les fibres de masse plus importante (les jarres et les déchets) alors que, pour les fibres de faible masse (poils), l'action du courant d'air est moins importante, donc les fibres seront lancées à une petite distance. Les modèles différentiels de mouvement des touffes de fibres contenant des proportions faibles ou élevées de jarres constituent le premier tri des fibres.

Les différences dans les paramètres des fibres ont une influence significative sur le processus de déjarrage. L'importance des paramètres des fibres comme critères de différentiation change en fonction des techniques de déjarrage (tableau 3.1).

Tableau 3.1 : Critères de séparation pour les différentes techniques de déjarrage.

Techniques	Critères de séparation
Déjarrage par cardage	Diamètre de la fibre
	Rigidité de la fibre
	Longueur de la fibre
	Etat de surface caractéristique de la fibre
Déjarrage par peignage	Longueur de la fibre
	Etat de surface caractéristique de la fibre
Déjarrage pneumatique	Diamètre de la fibre
	Masse de la fibre
	Etat de surface caractéristique de la fibre

II.2- Principes du déjarrage mécanique

II.2.1 – Principe physique de séparation

Algaa S et Maegel M. (1992) ont considéré que la différence principale entre les poils et les jarres est le diamètre des fibres. L'efficacité de séparation pour le déjarrage est estimée en connaissant un diamètre seuil (d_s) déduit habituellement à partir du diagramme de distribution de diamètre, d'un lot de matière brute, qui est une distribution bimodale.

Le diagramme de distribution du diamètre pour les fibres non déjarrées (figure 3.2) montre que toutes les fibres externes ont un diamètre supérieur ou égal à un diamètre D_{jarre} et toutes les fibres intérieures ont un diamètre inférieur ou égal à un diamètre D_{poil}. Dans une situation idéale de déjarrage, le diamètre seuil d_s doit être compris entre un diamètre D_{jarre} et un diamètre D_{poil} ($D_{poil} < d_s < D_{jarre}$).

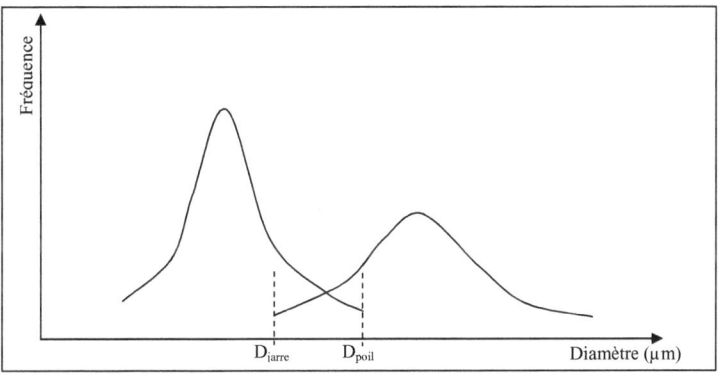

Figure 3.2 : Diagramme de distribution du diamètre pour les fibres non déjarrées.

Hermann et Wortmann (1997) ont indiqué que la distribution de diamètre des fibres doit être divisée en une distribution des fibres fines et une distribution des fibres grossières. La figure 3.3 présente la distribution du diamètre du cachemire non déjarré (Hermann et Wortmann 1997). Il est clair, d'après cette figure, qu'il n'y a presque pas de fibres dont le diamètre est compris entre 30 et 50 µm et qu'il n'y a pas de recouvrement entre les deux distributions, ce qui donne une situation idéale pour le déjarrage.

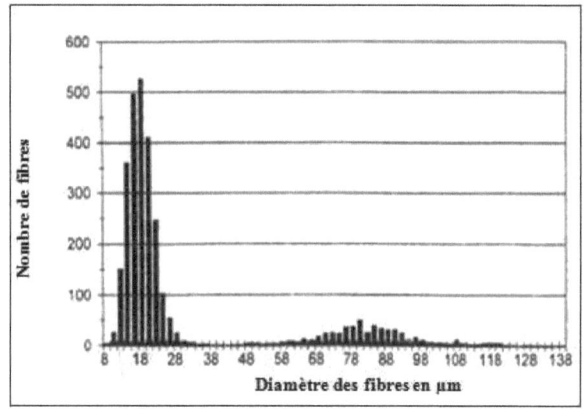

Figure 3.3 : Distribution du diamètre des fibres de cachemire non déjarrées (Braun, A. 1998).

Cependant, la distribution du diamètre de la matière brute en fibres de dromadaire, comme présenté dans la figure 2.4 (voir chap 2), montre la présence d'un important recouvrement entre la distribution des poils et la distribution des jarres, ce qui signifie qu'on est très loin de la situation idéale de déjarrage. Ainsi, on peut s'attendre à d'énormes difficultés pour le déjarrage des fibres de dromadaire.

Dans la pratique, il est généralement inévitable que les fibres dont le diamètre est plus gros que d_s entreront dans la composition des fibres intérieures (poils) et d'autres plus fines que le diamètre d_s dans la composition des fibres extérieures (jarres).

Ainsi, il est souvent indispensable dans l'industrie de citer les proportions en jarres dans le produit final pour évaluer le succès de l'opération de déjarrage. Algaa et Magel (1992) ont adopté un facteur d'efficacité qui représente le succès du processus de déjarrage égal à la proportion en masse des fibres grossières (jarre) dans le produit final (poil). Cependant, commercialement, une matière est bien déjarrée lorsque la proportion en nombre de fibres grossières dans le produit final est inférieure à 1%.

Le déjarrage mécanique comporte les trois phases suivantes: ouvraison de la matière fibreuse brute, séparation et enlèvement des jarres et finalement mélange de la masse de fibres. Les fibres intérieures sont simultanément nettoyées des corps étrangers. Les fibres intérieures de chameau, comme le cachemire et le yak, sont très fines et sensibles à l'effort mécanique. Le procédé de déjarrage doit donc être effectué graduellement.

II.2.2 – Méthode de déjarrage proposée par Algaa et Magel (1992)

Les avantages du principe du déjarrage mécanique par cardage ont eu comme conséquence le développement d'une nouvelle technique de déjarrage basée sur le principe par cardage. Afin d'améliorer l'action d'ouverture et l'efficacité initiale de la séparation, cette technique a été liée à un dispositif pneumatique de triage (figure 3.4).

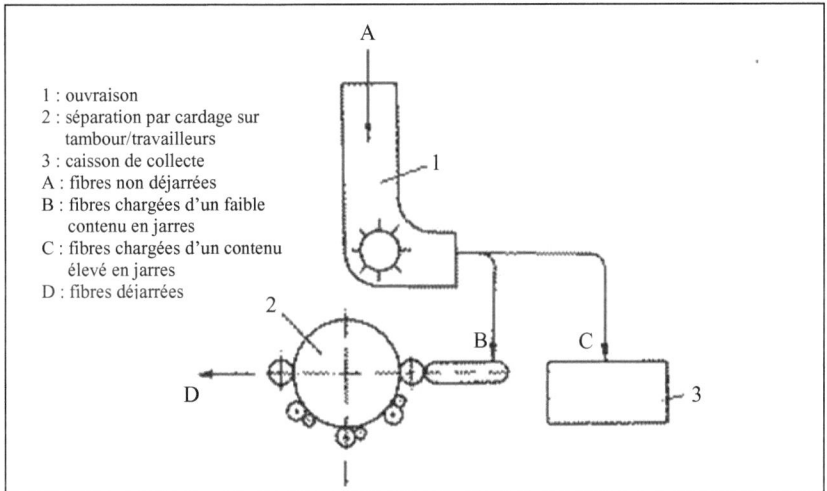

Figure 3.4 : Principe du déjarrage par cardage.

Le principe de cette technique de dépilage est le suivant :

1. Le mouvement des fibres non triées (A) est accéléré par la rotation rapide d'un cylindre batteur d'ouvraison et par un courant d'air.
2. Les fibres chargées d'un faible contenu en jarres (B) tombent sur une bande transporteuse qui porte ces fibres à la carde.
3. Les fibres chargées d'un contenu élevé en jarres (C) sont projetées plus loin dans un caisson de collecte (3). Les fibres accumulées dans ce caisson sont portées de nouveau au dispositif pneumatique où le processus initial est répété.
4. Les fibres déposées dans le caisson de collecte traversent ce procédé un certain nombre de fois selon la proportion de jarres dans la matière brute.

II.3 – Déjarrage mécanique par des machines de laboratoire

En 1988, Couchman R.C. (1989) a utilisé l'Analyseur Shirley pour le déjarrage du cachemire. Cette machine fonctionne suivant le principe de déjarrage pneumatique, donc le paramètre le plus important est la masse des fibres. La discrimination de la masse entre les poils et jarres devient déterminante, tandis que la différence de diamètre entre les deux reste discrète. Cependant, lorsque cette différence diminue, l'efficacité du déjarrage diminue également.

Couchman R.C. (1989) a étudié l'effet de la longueur et du diamètre des poils sur l'efficacité des machines de déjarrage de laboratoire (Analyseur Shirley). Il a considéré que le rendement de déjarrage est calculé comme étant la masse des poils récupérés après séparation divisée par la masse totale de la matière non séparée. Ceci ne donnera pas une idée claire de l'efficacité de déjarrage puisqu'il est certain qu'une quantité (même très faible) de jarres restera encore dans la quantité finale de poils.

En 1990, Couchman R.C. and C.M. Holt (1990) ont établi une comparaison entre deux machines de déjarrage d'un même constructeur: l'Analyseur Shirley et le Trash Séparateur. Ils ont montré que le Trash Separator donne un meilleur rendement de déjarrage avec une légère réduction de la longueur moyenne des fibres vu le nombre de casses des fibres déjarrées.

II.4 – Situation de la recherche

Le déjarrage est la séparation des jarres à basse valeur généralement cultivées par les follicules primaires de la peau de fibres fines (poils) à haute valeur cultivées par les follicules secondaires de la peau. En 1906, la firme Royaume-Uni Dawson International Ltd a inventé la première machine commerciale de déjarrage. Au moins 28 brevets et autres méthodes publiées pour le déjarrage des fibres animales sont disponibles (Townend et al, 1980;. Algaa et Magel, 1992), mais la plupart des anciennes méthodes n'ont plus d'importance économie. Plus de 50 modèles différents ont été décrits (Townend et al, 1980;. Li, 1989) et des nouveaux designs sont toujours en cours de création (Miao et Li, 1998; Singh, 2003). La littérature sur le déjarrage commerciale est peu, en raison du secret commercial. Une brochure sur le déjarrage est devenue disponible pour la première fois à la Salon international des machines textiles à Hanovre (Tatham, 1991), bien que plus d'entreprises ont maintenant des publicités (Snow Lotus, 2007).

Le déjarrage est essentielle pour le cachemire brut et a été utilisé commercialement pour l'alpaga, le lama, le chameau et le yak. L'élimination des fibres grossières peut être comme cela a été démontré dans fibres de lama (Algaa et Magel, 1992) en chameau et poils de yack (Townend et al., 1980) et de l'alpaga (Wang et al., 2007). Les caractéristiques essentielles de déjarrage sont: une action centrifuge, une humidité élevée et de la répétition. L'enlèvement différentiel de fibres grossières se produit par les spécialistes de déjarrage dans la transformation de cachemire où le diamètre des fibres grossières est d'environ 3,5 à 4 fois supérieure à celle des fibres préférées (Smith et al., 1984). A un rapport de diamètre des fibres inférieur à 3,5, il est signalé comme étant trop difficile à enlever tous les jarres en raison des différences dans la récupération élastique et la rigidité entre les fibres les plus fines et les jarres. Une fois ces fibres deviennent intimement mélangés et entremêlés, le déjarrage dévient plus difficile (Townend et al., 1980). La vitesse de production pour le déjarrage est d'environ 5 à 10% de la production commerciale pour carder la laine, avec une vitesse de déjarrage de 2,9 kg / h pour une largeur d'un m (Townend et al., 1980).

Pour le contrôle de l'électricité statique lors de l'déjarrage et le traitement ultérieur de cachemire et d'alpaga une haute humidité relative est nécessaire (> 80%). Cela a été confirmé lors des visites aux sociétés spécialisées en déjarrage (Holt, 1995; McGregor, 1996, 2001, 2002, 2006a, b; Wang et al, 2003.; McGregor et Butler, 2008, Wang et al., 2007, 2008). Johari et al. (2001) ont étudié l'effet du diamètre des fibres, d'humidité relative et de la résistance électrique sur l'efficacité de l'déjarrage du cachemire Iranien. Comme les fibres fines de cachemire obtenaient une plus grande résistance électrique que les jarres, le contrôle de l'humidité relative dans une usine de transformation et de la fibre est essentiel pour obtenir un déjarrage efficace.

Wang et al. (2008) ont étudié le déjarrage d'un lot de cachemire australien grasse par rapport à un lot similaire de cachemire dégraissé avant déjarrage. Les résultats suggèrent que, le lavage avant déjarrage peut augmenter l'incidence des bouloches, le pourcentage des jarres et peut-être réduire la longueur des fibres déjarrées. Cependant, l'enroulement des fibres sur les rouleaux pendant déjarrage des fibres grasses était un problème pratiquement important.

Le cachemire brut et coloré besoin de plus de traitement par rapport au cachemire blanc (McGregor et Butler, 2008) et que le cachemire coloré et plus fin que 16 um, produit une plus courte longueur de cachemire déjarré que le cachemire blanc et fin. Le processus de déjarrage doit être répété de nombreuses fois afin de réduire les jarres résiduelles de moins de 0,5% par rapport à la masse du produit final. Par conséquence, la longueur des fibres de la partie déjarrée est le plus susceptible d'être réduite par rupture des fibres fines semble impossible d'éviter. Toutefois, la confirmation de ceci est limité puisque les preuves sont basées sur un équipement à l'échelle de laboratoire (Couchman, 1984) ou les essais sans répétition sans soutien statistique. La longueur des fibres de tirage de 23,3 et 26,6 um alpaga a été réduité au cours de déjarrage sur une machine déjarrant le cachemire de 10% et 20%

respectivement (Wang et al., 2008), mais pour le cachemire la réduction de la longueur était de 6%.

Une composante importante du déjarrage de cachemire est l'élimination de la contamination de la matière végétale. La contamination de la matière végétale affecte l'efficacité du déjarrage de cachemire et que l'augmentation de la matière végétale du cachemire brut réduit la proportion de cachemire propre en tant que produit final (McGregor et Butler, 2008). Le cachemire brut avec un pourcentage élevé en fibres fines et un grand diamètre moyen des fibres est traité d'une manière moins efficace que le cachemire brut avec un faible pourcentage en fibres fines et un petit diamètre moyen des fibres (McGregor et Butler, 2008).

Les produits de cachemire déjarrage viennent dans différentes catégories qui varient en longueur. Pour le cachemire australien, 91,6% de cachemire déjarré a été produit sous forme de ruban à ailettes, 3,7% comme second grade et de 4,7% en courts fibres (chute de la machine). La longueur des fibres de ces produits étaient respectivement: 28,8 mm, 23,4 mm, non mesurée (McGregor 2001, 2002; McGregor et Postle 2004).

Le reste des sous-produits de déjarrage est les jarres. L'Australie autrefois importé de grandes quantités des jarres de chèvre, qui a été irradié à Melbourne avec Cobalt 60, puis cardée et intégré en un latex-enduit couvert de tissu pour faire des tapis 'Minster' peu coûteux. Chercheurs de jute, Debnath et al. (1987) ont examiné des applications, notamment dans les non-tissés, pour les jarres. Mittal (1988) décrit la morphologie de fibres grossières de ces animaux comme les chèvres du désert. Il a eu un grand développement commercial de fils pour tapis en Australie en utilisant les jarres produites pendant le déjarrage à remplacer une partie de la laine medullée de tapis.

III – Processus de transformation

La filature englobe le processus au cours duquel les fibres discontinues sont transformées en fils adaptés à l'industrie textile. Il existe deux principaux procédés de filature à savoir la filature fibres longues (type "laine") et la filature fibres courtes (type "coton").

Le procédé de filature fibres longues est principalement utilisé pour produire des fils en 100% laine ou bien en mélange avec la laine. Une distinction est faite entre la filature de laine cardée et la filature de laine peignée. En filature de laine peignée, les fibres de meilleure qualité plus longues sont transformées en fils généralement plus fins utilisés pour la production de tissus en laine peignée. Le système de filature de laine cardée transforme des fibres plus courtes.

III.1 – Le lavage

La matière fibreuse animale brute ou "graisseuse" est souillée avec des impuretés dont le type et la masse varient selon la race de l'animal, la région et les conditions d'élevage.

Le rôle du lavage est de :

- nettoyer les contaminations des fibres au moyen d'un processus économique,

- s'assurer que la matière fibreuse est dans un état physique et chimique convenant à l'itinéraire de traitement prévu,

- se soumettre aux exigences environnementales.

Les contaminants principaux sont la graisse, le suint et la saleté. La graisse, techniquement une cire, est produite par les glandes sébacées dans la peau de l'animal, alors que le suint est produit par les glandes sudorifiques (de sueur). Une manière plus précise de définir la matière grasse et le suint par rapport à l'analyse des matières graisseuses en fibres animales se relie à leurs solubilités dans les solvants organiques et l'eau respectivement.

Ainsi, le suint peut être défini en tant que fraction hydrosoluble de la toison et la matière grasse comme fraction soluble dans le solvant (Stewart R. G. 1988).

Les conditions du processus de lavage (température, pH, temps) sont fortement influencées par la fraction de matière grasse contenue dans la toison. En effet, Xungai W. et al. (1999) ont suggéré, dans le cas de la laine brute, une dose de détergent de 0,15 à 0,50% avec une température de lavage de 60 à 65°C, alors que, pour le mohair, une basse température et une faible dose sont utilisées, étant donné que le mohair contient moins de graisse (1,2 à 8%) que la laine (9,5 à 27%).

Dans le cas du poil de dromadaire, les résultats obtenus sur cinq échantillons testés ont montré que la teneur en matière grasse est de 1,3 à 3,7%. En comparant ces résultats aux travaux de Tucker, D.J. et al. (1990) résumés dans le tableau 3.4, nous pouvons voir clairement que la proportion en matière grasse pour le poil de dromadaire est inférieure à celle de la laine, du Yack, du mohair et du cachemire chinois et est sensiblement égale à celle du cachemire australien, d'alpagua, du lama et du chameau.

Pour éliminer la matière grasse des poils de dromadaire, les échantillons ont été lavés avec une solution de carbonate de sodium et de savon de ménage (savon de Marseille) à une température modérée. Le tableau 3.2 indique les conditions du lavage. Toutes les masses de matière ont été passées entre les rouleaux presseurs avant d'entrer dans la cuvette suivante afin d'enlever autant de liquide sale que possible. Cette opération a permis d'enlever le maximum de l'effluent et de préserver la propreté de la cuvette. En outre, l'essorage (par les rouleaux presseurs) après la dernière cuvette a été employé pour enlever une grande quantité d'eau avant séchage. Ceci a réduit le temps de séchage dans le four. La température dans l'étuve était fixée à environ 100°C pendant 30 minutes puis à 50°C pendant les 30 minutes qui suivent.

Xungai Wang et al. (1999) ont indiqué pour le lavage de la laine la dose de détergent est de 0,15 à 0,5% et la température du bain est de 60 à 65°C alors que pour le mohair qui contient moins de graisse (1,2-8,0%) que la laine (9,5-27,0%), une dose et une température plus faibles sont à utiliser dans le lavage du mohair.

Tableau 3.2 : Les conditions de lavage des fibres de dromadaire.

	Composition	T (°C)	Temps (Min) de traitement	Fonction
Cuve 1	-	40	30	Enlèvement du sable et du suint
Cuve 2	Carbonate de sodium et savon	45	30	Enlèvement de la graisse
Cuve 3	Carbonate de sodium et savon	40	20	Enlèvement de la graisse
Cuve 4	-	45	30	Rinçage
Cuve 5	-	40	20	Rinçage

Puisque la teneur en matière graisse des poils de dromadaire est de 1,3 à 3,7%, la température maximale serait de 45°C, la dose de détergent suggérée de 0,1% et le rapport de bain de 1:30 (kg/l). Le rendement après lavage est déterminé par la formule suivante :

$$R = \frac{m_0 - m_1}{m_0} \times 100$$

Avec :

- R : rendement après lavage en %

- m_0 : masse de l'échantillon avant lavage en g

- m_1 : masse de l'échantillon après lavage en g

Le rendement après lavage du poil de dromadaire est compris entre 88% et 98% pour l'ensemble des échantillons travaillés, ce qui est nettement supérieur à celui du cachemire de Mongolie qui est compris entre 74% et 78% (Ukhnaa S. 2001) et celui de la laine qui est de 50% à 75%. McGregor B. A. (2002) a trouvé des rendements après lavage de 74,4% et 76,4% respectivement pour le cachemire et la laine mérinos.

Tableau 3.4: Composition de la matière fibreuse brute de certaines fibres animales spéciales (Tucker, D.J. 1990).

Fibre	Teneur en Humidité (%)	Graisse (%)	Suint (%)
Laine	11.0–11.7	9.5–27.0	3.9–7.1
Mohair	12.0–14.4	1.2–8.0	1.8–4.2
Cachemire Australien	10.7–13.9	0.7–2.5	1.2–3.5
Cachemire Chinois	11.1–12.9	5.0–7.2	2.3–3.0
Cashgora	13.2	1.2–2.8	0.6
Lama	12.0	2.8	—
Alpaga	10.9–14.4	2.8–3.9	0.6–2.4
Chameau	9.9	0.5–1.1	—
Yak	10.4	12.3	—

III.2 – Le déjarrage

Le déjarrage est considéré comme étant la phase la plus importante dans le processus de filature de ce genre de fibres car c'est à ce niveau que les principales caractéristiques (diamètre moyen et distribution du diamètre, longueur moyenne et distribution de la longueur ainsi que les propriétés mécaniques) des fibres déjarrées sont déterminées.

Dans le but d'atteindre un haut rendement de séparation pour les fibres de dromadaire avec le minimum d'altération de leurs caractéristiques physico-mécaniques, Msahli S. et al. (2008) ont étudié l'effet du nombre de passages sur le rendement de en poil, le diamètre moyen, la longueur et la ténacité de la matière déjarrée en utilisant l'analyseur shirley.

Effet sur le diamètre moyen des fibres

Le diamètre moyen a baissé de 10% après le premier passage, 4% après le deuxième passage et 1% après les passages 4, 5 et 6. Ceci prouve que la plus grande quantité de fibres grossières est enlevée dans le premier et le deuxième passage et avec moins d'importance dans les autres passages. À mesure que le DMF d'échantillons déjarrés augmentait, une augmentation associée de la proportion des fibres grossières résiduelles s'est produite, avec un déclin en diamètre moyen de ces fibres grossières résiduelles. Ces observations indiquent les difficultés rencontrées dans la séparation des poils et des jarres contenus dans les toisons de dromadaire. En clair, à mesure que le DMF des poils de dromadaire augmente, il y a une forte tendance pour que les distributions de diamètre des poils et des jarres se chevauchent.

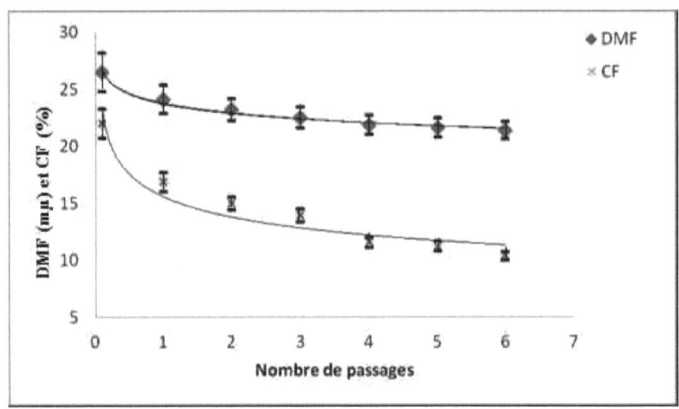

Figure 3.6: Évolution du DMF et du FC% des poils en fonction
du nombre de passages des fibres dans l'Analyseur Shirley.

Les graphiques de la figure 3.6 montrent l'évolution du DMF et de la FC% des poils en fonction du nombre de passages des fibres. La courbe de chaque graphique tend vers une valeur seuil où toute augmentation du nombre de passages des fibres n'aura aucun effet significatif. Ces données indiquent à première vue un nombre optimal de passages qui est de 4.

88

Effet sur la longueur des fibres

La figure 3.7 montre une évolution décroissante de la longueur moyenne des poils en fonction du nombre de passages des fibres. Ce résultat prouve que n'importe quel passage additionnel cause une réduction approximative de 3% dans la longueur moyenne.

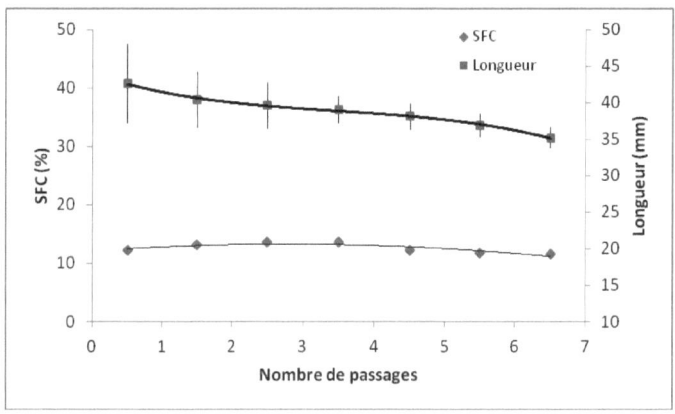

Figure 3.7: Evolution de la longueur moyenne des poils et du pourcentage moyen des fibres courtes (SFC des fibres ayant une longueur < 15 mm) en fonction du nombre de passages des fibres.

Cette dégradation est principalement due aux actions mécaniques supportées par les fibres déjarrées par l'Analyseur Shirley qui causent généralement des ruptures des fibres et par conséquent une réduction de leur longueur moyenne. Néanmoins, le graphique de la figure 3.7 qui représente l'évolution du pourcentage moyen des fibres courtes contenues dans les échantillons mesurés (SFC des fibres ayant une longueur < 15 mm) en fonction du nombre de passages des fibres, prouve que les ruptures des fibres dépendent non seulement de la machine mais également de la longueur des fibres. Les résultats confirment que la rupture se produit plus dans les fibres plus longues que dans les plus fines et plus courtes. Cependant, Couchman R.C. and C.M. Holt (1990) ont suggéré un autre postulat quand il a indiqué que la réduction de la longueur des fibres par l'Analyseur Shirley est due à la rupture des fibres plus courtes et plus fines.

Effet sur la ténacité des fibres

La ténacité de la fibre joue un rôle important dans la rupture des fibres pendant le traitement mécanique, y compris la filature, la fabrication de l'étoffe et dans la force de rupture du produit final que ce soit filé ou étoffe. Généralement, dans le cas des fibres animales, la force de rupture augmente presque linéairement avec la surface de la section de la fibre. La force de rupture de la fibre divisée par la surface de la section de la fibre devrait donc être presque constante pour un type particulier de fibres. Hunter L. et Smuts S. (1981) ont constaté que la ténacité était indépendante de la finesse du mohair. Nous avons trouvé, dans un travail antérieur (Harizi T. et al. 2006), la même chose pour les poils de dromadaire.

La figure 3.8 présente l'évolution de la ténacité des poils de dromadaire en fonction du nombre de passages des fibres dans l'Analyseur Shirley. Pour expliquer l'évolution d'abord croissante puis décroissante de la ténacité des poils, nous avons adopté que pour une fibre de dromadaire sa force de traction croit presque linéairement en fonction de l'augmentation de la surface de sa section transversale. En plus, la ténacité est désignée comme le rapport entre la force de rupture de fibre et sa finesse. En outre, nous avons montré précédemment que le diamètre moyen de la fibre augmente rapidement jusqu'à un nombre de passages presque égal à 4 et qu'au-delà on constate une évolution très lente et presque constante. Donc, quand la diminution du diamètre moyen de la fibre est plus importante que la diminution de sa force de rupture, la ténacité augmente. Ceci explique la première moitié de la courbe. Pour la deuxième moitié, la réduction de la force de rupture de la fibre est plus importante que la diminution en diamètre moyen, ainsi il y a décroissance de la ténacité.

La valeur maximale de la ténacité correspond à un nombre optimum de passages. Ce nombre correspond au point où la dérivée de la fonction de la courbe de tendance s'annule. La solution de cette équation donne 2,88 c'est à dire 3 passages.

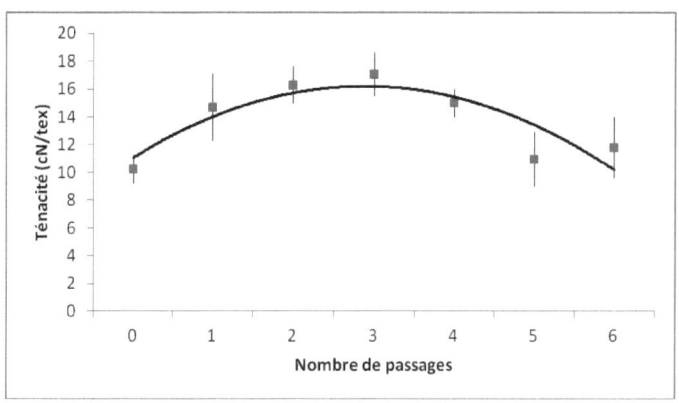

Figure 3.8: Evolution de la ténacité (traction sur faisceaux de fibres) des poils en fonction du nombre de passages.

Effet du nombre de passages sur le rendement

Les graphiques de la figure 3.5 prouvent que l'évolution croissante de la proportion de poils en fonction du nombre de passages des fibres tend vers une valeur seuil où toute augmentation du nombre de passages n'aura aucun effet sur la proportion de poils. Nous notons la même chose pour les jarres et les déchets présentés dans l'autre graphique de la figure 3.5 qui présente une évolution décroissante tendant vers une valeur limite. Ces résultats indiquent qu'au moins trois passages sont nécessaires pour déjarrer les fibres de dromadaire.

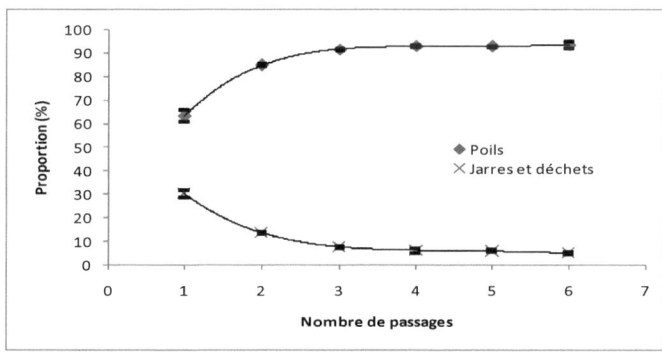

Figure 3.5 : Évolution de la proportion de poils, de jarres et de déchets en fonction du nombre de passages des fibres par l'Analyseur Shirley.

Effet du processus de déjarrage

L'ajout d'une opération d'ouvraison, avant le déjarrage par l'Analyseur Shirley, a un effet positif sur le rendement en poil, la longueur et la ténacité des fibres dans le produit final. En effet, les résultats trouvés confirment le rôle important de la machine d'ouvraison qui réduit d'une manière significative l'enchevêtrement des fibres et diminue par conséquent les casses des fibres fines (poils) dans les dents du cylindre briseur.

En 2008, nous avons évalué l'efficacité de déjarrage en utilisant une machine industrielle conçue pour le déjarrage du cachemire (Harizi T. 2010).

Le déjarrage par la machine industrielle donne une première qualité où les fibres déjarrées présentent un diamètre moyen de 18,35 µm, un CV% de 32,38% et un FC% de 3,69% et une longueur (Barbe) moyenne de 35 mm, un CV% de 49,8% et 24% de fibres courtes (longueur < 15 mm). En comparant ces résultats à ceux de la matière non déjarrée, nous pouvons dire que cette machine de déjarrage a réduit le pourcentage de fibres grossières dont le diamètre est supérieur à 30 µm de plus que 60%, ce qui a permis de baisser le diamètre moyen de presque 15%. La dégradation de la longueur étant sensiblement faible car la longueur moyenne a baissé de 18% uniquement.

Le tableau 3.5 montre clairement que le déjarrage industriel donne les meilleurs résultats de séparation entre les poils et les jarres. En effet, il permet d'enlever 40% de fibres grossières et d'avoir moins de dégradation de la longueur (15% en moins) comparé au déjarrage par Analyseur Shirley. Généralement, plus le processus de déjarrage est efficace, plus la quantité de jarres est réduite dans les poils et par conséquent le CV% du diamètre des fibres est faible.

Tableau 3.5 : Les valeurs moyennes des paramètres de diamètre et de longueur des fibres lavées et non déjarrées et déjarrées par l'Analyseur Shirley et par une machine industrielle.

Paramètres		Diamètre			Longueur		
Déjarrage		Moyenne (µm)	CV%	FC% > 30 µm	Barbe (mm)	CV%	% Fibre (< 15 mm)
Avant		21,46	43,79	9,62	42,77	46,73	20,1
Après	Analyseur Shirley	18,43	36,50	6,10	30,80	47,20	24,3
	Machine industrielle	18,35	32,38	3,69	35,00	49,80	25,4

En outre, la qualité des fibres déjarrées est largement déterminée par la quantité de jarres restant dans le produit final. Souvent, avec les machines de déjarrage à efficacité élevée, la proportion des fibres grossières restantes est inférieure à 1%. Cependant, la proportion des fibres grossières dont le diamètre est supérieur à 30 µm reste élevée même après le déjarrage par la machine industrielle. Ceci explique probablement pourquoi le CV% du diamètre des fibres de dromadaire après déjarrage reste élevé (supérieur à 30%).

Pour le cachemire de toute origine, Phan, K.-H. et al. (2000) ont indiqué que la distribution du diamètre est donnée avec une valeur du CV% de 20-25% alors que McGregor B.A. (2000) a annoncé une moyenne de CV% de 22%. Butler, K.L. et Dolling, M. (1995) ont indiqué qu'une augmentation de la quantité de jarres résiduelles dans le cachemire déjarré d'une valeur moyenne de 0,25% à 1% provoque une augmentation de 2,25% de $CV_D\%$ ce qui est équivalent à un changement de 0,5 µm approximativement en diamètre moyen de fibre. McGregor B. A. (2002) prévoit que lorsque la proportion de fibres plus grosses que 30 µm augmente de 0% à 1,2%, le diamètre croit de 15 à 19 µm.

Ces données indiquent que la réduction de 5% dans la proportion des fibres grossières est accompagnée d'une diminution de 9,5% dans la valeur du CV du diamètre et par conséquent une baisse d'environ 1 µm dans le diamètre moyen. Ceci est largement différent des résultats trouvés dans la littérature et mentionnés ci-dessus concernant le cachemire, ce qui peut être attribué probablement au type de distribution du diamètre des fibres déjarrées. En effet, après déjarrage les poils de dromadaire présentent une distribution log-normale du diamètre alors que, pour le cachemire, la distribution du diamètre est plutôt normale.

Pour la distribution du diamètre de la matière brute des fibres de dromadaire et de cachemire nous avons distingué, dans les deux cas, la distribution des fibres fines et de la distribution des fibres grossières. Cependant, le déjarrage industriel demande une grande distinction entre les deux populations de fibres (poils et jarres) pour un déjarrage facile et efficace. Il est généralement souhaité que le rapport de diamètres entre les jarres et les poils soit de 4 :1 et que les jarres aient un diamètre supérieur à 60 µm (Herrmann S. et Wortmann F.J. 1997).

Donc, la présence des fibres intermédiaires dans la toison du dromadaire rend difficile la séparation entre les poils et les jarres. En effet, l'efficacité du déjarrage des fibres de dromadaire, par la machine industrielle ou par l'Analyseur Shirley, était faible ce qui ce traduit par une quantité relativement élevée de jarres résiduelles dans les poils déjarrés, conduisant à des valeurs élevées de diamètre moyen et de CV% des fibres déjarrées et donc, une dévalorisation de la qualité des poils de dromadaire.

En 2009, nous avons conçu et breveté une nouvelle machine semi-industrielle de déjarrage pour les fibres de dromadaire basée sur une technique combinant le déjarrage par cardage et le déjarrage pneumatique (Harizi T. et al 2009). Les fibres déjarrées par cette machine présentent un diamètre moyen de 19,12 µm, un CV% de 31,41% et un FC% de 6,7% et une longueur (Barbe) moyenne de 28,8 mm, un CV_B% de 54,3% et 22% de fibres courtes (longueur < 15 mm). En comparant ces résultats à ceux de la matière non déjarrée (tableau 3.7), nous pouvons dire que cette machine de déjarrage a réduit le pourcentage de fibres grossières dont le diamètre est supérieur à 30 µm de plus que 45%, ce qui a permis de baisser le diamètre moyen de presque 15%. Toutefois, la dégradation de la longueur est sensiblement élevée car la longueur moyenne a baissé de 27%.

Tableau 3.7 : Les valeurs moyennes des paramètres de diamètre de longueur des fibres lavées et non déjarrées et déjarrées par la nouvelle machine semi-industrielle de déjarrage.

Paramètres	Diamètre			Longueur		
Déjarrage	Moyenne (µm)	CV%	FC% > 30 µm	Barbe (mm)	CV%	% Fibre (< 15 mm)
Avant	22,37	57,3	12,1	39,5	53,1	15,9
Après 1er passage	21,25	39,4	10,2	32,4	55,7	19,8
2ème passage	19,12	33,41	6,7	28,8	54,3	21,7

En comparant ces résultats à ceux du déjarrage industriel et par Analyseur Shirley (tableau 3.5), nous pouvons dire qu'avec deux passages uniquement la nouvelle machine de déjarrage nous obtenons une qualité de fibres déjarrées similaire au déjarrage industriel. Cependant, la dégradation de la longueur a été sensiblement élevée, ceci est certainement dû au type de garniture utilisée pour les briseurs et qui n'était probablement pas bien adaptée à la matière.

Une amélioration de l'efficacité du processus de déjarrage en utilisant cette machine est encore envisageable. Aussi, il faut signaler qu'il sera possible d'utiliser cette machine pour travailler d'autres fibres (laine, fibres des chèvres, fibres d'agave, fibres d'alfa…) en adoptant uniquement les paramètres convenables de réglage.

IV – Processus de filature

La filature englobe le processus au cours duquel les fibres discontinues sont transformées en fils adaptés à l'industrie textile. Il existe deux principaux procédés de filature à savoir la filature fibres longues (type "laine") et la filature fibres courtes (type "coton").

Le procédé de filature fibres longues est principalement utilisé pour produire des fils en 100% laine ou bien en mélange avec la laine. Une distinction est faite entre la filature de laine cardée et la filature de laine peignée. En filature de laine peignée, les fibres de meilleure qualité plus longues sont transformées en fils généralement plus fins utilisés pour la production de tissus en laine peignée. Le système de filature de laine cardée transforme des fibres plus courtes.

IV.1 – Processus cardé

Les filateurs ont essayé différents mélanges entre les divers matériaux textiles, soit pour améliorer les performances de l'article produit du point de vue toucher, aspect et propriétés physiques et mécaniques, soit pour diminuer le coût de fabrication.

Bien entendu, les poils de dromadaire sont des fibres chères et les produits textiles obtenus à partir de ces fibres ont d'excellentes propriétés de douceur, chaleur et drapé. Cependant, il est très rare de trouver des articles en poils purs de dromadaire étant donné que la production mondiale de cette matière est trop faible. Généralement, le poil du dromadaire se trouve en mélange avec la laine.

L'opération de cardage présente la matière à la sortie sous forme de mèche frottée. Cette dernière peut alimenter directement le contenu à filer. Avant d'arriver à la phase de cardage, la matière doit passer par plusieurs stades de préparation, à savoir le battage, le lavage et le déjarrage. Ceci présente le processus le plus court dans la filature cardée.

IV.1.1 – Caractéristiques de la matière travaillée

Un mélange entre deux matières fibreuses différentes aura une meilleure homogénéité si certaines caractéristiques des deux types de fibres, à savoir essentiellement la finesse et la longueur, sont semblables (tableau 3.8).

La faible longueur moyenne et la proportion élevée de fibres courtes trouvées pour les poils de dromadaire est certainement due à la rupture des fibres lors de l'opération de déjarrage.

Tableau 3.8: Résultats des mesures de diamètre de la laine et du poil

Lot	Laine	Poil de dromadaire
Diamètre moyen (μm)	21,36	21,83
Min (μm)	10	7
Max (μm)	50	75
Ecart type (μm)	6,13	7,82
CV(%)	28,70	35,75
Hauteur (mm) (H)	60	21,4
CV Hauteur (%) (CVH)	46,7	65
% Fibres < 15mm	7	25,2

IV.1.2 – Préparation du mélange laine-poil

La laine a déjà subi toutes les opérations de préparation habituellement utilisées par la société (triage, lavage, séchage, battage et teinture). Six mélanges laine-poil ont été préparés avec diverses proportions comme indiqué dans le tableau 3.9.

Chaque mélange est présenté à l'opération de cardage, suivie par l'opération de filage. Afin d'assurer les meilleures conditions de travail de la matière dans les étapes suivantes ; nous avons ajouté un lubrifiant de type "DM-CONC" (c'est une Huile soluble).

Tableau 3.9 : Proportions des mélanges laine-poil.

Mélange	Mélange 1	Mélange 2	Mélange 3	Mélange 4	Mélange 5	Mélange 6
Laine (%)	100	90	75	50	25	10
Poils (%)	0	10	25	50	75	90

IV.1.3 – Le cardage

Le cardage est une opération principale dans tout processus de filature. Le cardage transforme les fibres aléatoirement disposées en forme de ruban, où elles sont distribuées plus ou moins parallèlement le long de son axe. Dans notre cas le voile obtenu après le peigneur, au lieu d'être condensé pour former un ruban, il sera divisé par un système diviseur frotteur qui donne enfin une mèche qui sera enroulée sur des rouleaux sous forme de bobines croisées. En outre, puisque des actions mécaniques fortes ont lieu pendant le cardage, c'est le stade où les fibres sont les plus sollicitées mécaniquement. Eley J. R. et Harrowfield B. V. (1985) on trouvé que le taux de casses des fibres est entre environ 20 et 40%, avec un taux moyen de rupture d'environ 30% ; pas moins de 90% des casses des fibres qui ont lieu en transformant la laine lavée en ruban et en mèche ont lieu pendant le cardage.

Afin de protéger des fibres contre les dégradations provoquées par action mécanique pendant le cardage, une solution de lubrifiant devrait être pulvérisée sur les fibres lavées avant le cardage. Le lubrifiant pulvérisé sur la surface des fibres réduirait le frottement inter-fibres et entre les fibres et les surfaces en métal, réduisant de ce fait la possibilité de rupture du voile. L'ajout de la solution de lubrifiant aux fibres a également réduit au maximum la génération de l'électricité statique pendant les opérations suivantes. Le troisième rôle joué par la solution de lubrifiant est d'augmenter la force de cohésion entre les fibres.

La quantité de lubrifiant pulvérisée sur la matière travaillée pour ces essais est un mélange d'huile et d'eau avec des proportions par rapport à la masse de la matière de 0,4% et 10% respectivement. Becker W. (2000) a montré que pour la laine la quantité de lubrifiant ajoutée avant cardage est généralement de 0,4 à 0,5%. Dans ces essais de filature du mohair Xungai Wang W.et al. (1999) ont travaillé avec une quantité de lubrifiant ajoutée avant cardage d'environ 0,9%.

IV.1.4 – Le filage

Le filage est la dernière opération du processus de filature où les principales caractéristiques (finesse, torsion, régularité) du fil simple sont déterminées. Cette phase consiste à étirer, tordre et renvider le fil produit sur un support approprié.

Le continu à filer utilisé a une vitesse de livraison égale à 11 m/mn, une vitesse de rotation des broches égale à 1035 tr/mn et un faible étirage de l'ordre de 2. Le fil a une torsion de 94.09 tr/m. Les filés fabriqués ont un titre qui varie de 237 tex à 322 tex, correspondant à un intervalle de Nm 3 à Nm 4,2. Ces gros filés peuvent trouver des applications artisanales comme le tapis.

L'élongation moyenne du fil à la charge maximale pour tous les filés était autour de 20% et que la rupture de la plupart des fils se faisait par glissement des fibres à cause de la faible valeur de torsion. Wang Y. et al. (2002), en travaillant sur une carde fileuse avec un dispositif de filage à jet d'air, ont produit des fils de 102 à 188 tex et dont la ténacité et l'allongement étaient respectivement autour de 6 cN/tex et 20%. Dans ce travail, ils n'ont malheureusement pas indiqué la valeur de la torsion appliquée.

Les figures 3.9 et 3.10 illustrent l'effet de la proportion de poils dans le mélange sur les propriétés mécaniques du fil. L'évolution décroissante de la ténacité et de l'allongement montre bien que la cohésion entre les fibres dans le fil est donnée principalement par la laine vue que les fibres de dromadaire sont plus lisses et plus courtes.

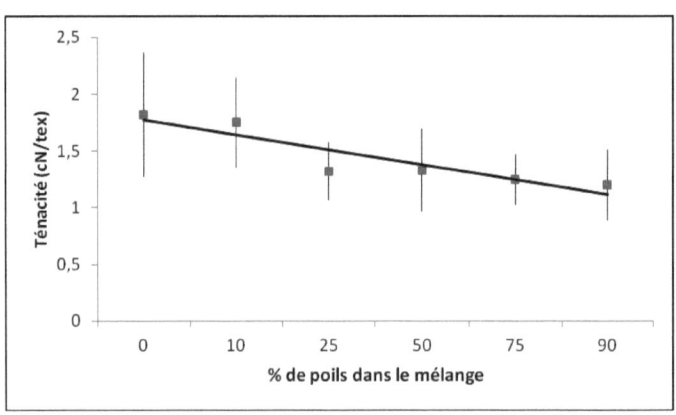

La figure 3.9 : Evolution de la ténacité en fonction de la proportion du poil dans le mélange.

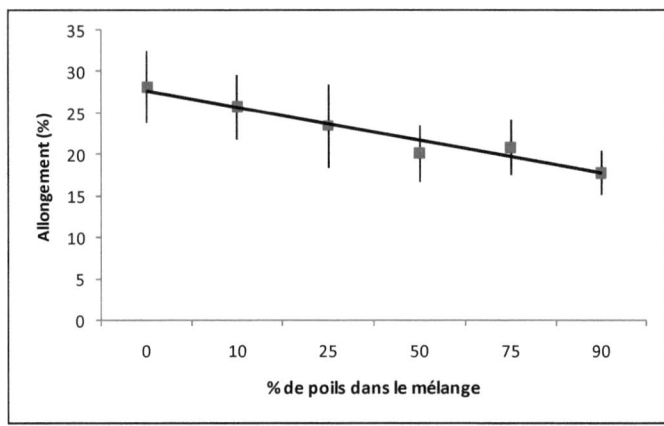

La figure 3.10 : Evolution de l'allongement en fonction de la proportion du poil dans le mélange.

Ainsi, les filés cardés produits par la carde fileuse dont le titre est voisin de 300 tex montrent une légère dégradation des propriétés mécaniques des fils en augmentant la proportion des poils de dromadaire dans le mélange. Les filés montrent une variation significative de la force à la rupture le long du fil provoquée par une irrégularité prononcée. Cependant, ces filés peuvent convenir à beaucoup d'applications telles que le fond de tapis et autres articles d'ameublement.

IV.2 – Processus peigné

Le processus de filature peigné comporte un nombre plus élevé de machines, donc un important investissement, ce qui explique probablement le fait que la plus grande quantité des fibres animales spéciales est traitée suivant un processus cardé. En effet, dans le cas du cachemire, Skillecorn J.J. (1993) a montré que la quantité de cachemire utilisée en processus peigné est juste 10% de la production mondiale de cette fibre.

Nous signalons aussi, qu'aucune société en Tunisie ne traite les fibres animales, d'une façon générale, en processus peigné. L'autre chose que nous pouvons évoquer est la nécessité d'une très grande quantité de matière (quelques centaines de kg) pour la réalisation des essais en processus peigné. McGregore B. A. (2002) a utilisé 376 kg de cachemire australien (matière non déjarrée) dans le but d'évaluer les performances du processus de filature et aussi du produit fini (étoffe tricotée).

Cependant, la bonne qualité des filés peignés est potentiellement demandée dans la production des articles de haut de gamme. Etant donné que les poils animaux, du fait de leurs qualités naturelles et de leur rareté sur le marché, sont d'un prix plus élevé, il parait plus intéressant de les utiliser dans la production des articles de bonne qualité. Aussi, le processus peigné permet la fabrication des fils les plus fins possible ce qui peut être considéré comme un indicateur acceptable pour l'évaluation du potentiel textile des fibres de dromadaire.

Le processus de filature peignée adopté est présenté dans la figure 3.11. Les paramètres de filage et d'affinage, relatifs aux différentes finesses de fil à produire (Nm 36, 30 et 20), sont donnés dans les tableaux 3.10 et 3.11.

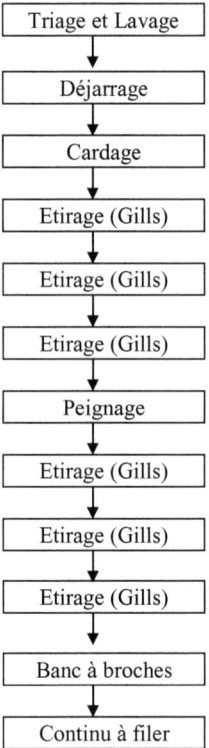

Figure 3.11: Bloc schéma du processus peigné adopté par pour le filage du poil de dromadaire.

Le finisseur est alimenté par des rubans de différents titres, à savoir 5 ktex, 6 ktex et 7,44 ktex ce qui permet d'aboutir respectivement à des mèches de Nm 2, Nm 1,66 et Nm 1,25.

Après peignage, le ruban peigné est formé de fibres dont le diamètre moyen est de 19,04 µm avec un CV% de 34,1%, un pourcentage de fibres grossières (diamètre > 30 µm) de 1,38% et une longueur moyenne suivant le diagramme Hauteur de 44,1 mm avec un CV_H% de 44,6 (Barbe de 52,9 mm avec un CV_B% de 37,3%). Le pourcentage de blousse[2] au peignage est de 15%.

---

[2] Blousse : c'est une matière formée par les fibres courtes éliminées lors du peignage.

Tableau 3.10 : Les paramètres de filage des différents fils produits.

Finesse fil	Etirage	Torsion (tr/m)	$V_{de\ sortie}$ (m/min)
Nm 36	18	660	13,2
Nm 30	18	602	13,8
Nm 20	16	492	14,5

Tableau 3.11: Les paramètres d'affinage des différentes mèches produites.

Finesse mèche	Etirage	Torsion (tr/m)	$V_{de\ sortie}$ (m/min)
Nm 2,00	10	50	100
Nm 1,66	10	50	100
Nm 1,25	9,3	60	100

Dans leur étude sur l'évaluation des filés "Solospun" en utilisant une laine de 19,4 µm (en ruban), Fukuhara S. et al. (2000) ont indiqué que pour répondre à l'exigence minimum de tissabilité du fil simple en tant que fil de chaîne, plus de 60 fibres par section transversale du fil et un coefficient métrique de torsion α_m variant de 120 à 135 sont recommandés.

En considérant ce résultat et en appliquant la formule suivante donnant le nombre moyen de fibres à la section d'un filé de section supposée circulaire :

$$Fs = 972000/[Nm \times \mu m^2 \times (1 + CV_d^2)]$$

Avec *Fs* : Le nombre de fibres dans la section transversale du filé.

Nous avons trouvé que la finesse de fil à produire doit être inférieure à Nm 40 pour avoir plus de 60 fibres par section. Ainsi, nous avons choisi de réaliser les fils de Nm 36, 30 et 20. Pour le coefficient de torsion nous avons travaillé avec un α_m de 110 car nous pensons utiliser le fil pour la bonneterie. Dans le tableau 3.12 suivant sont indiqués les paramètres de filage des fils peignés en poils de dromadaire.

Tableau 3.12: Spécifications des différents fils peignés en poils de dromadaire.

Matière	Poil de dromadaire de 19,04 µm et de CV% = 34,1% La hauteur est de 44,1mm avec un CV_H% = 44,6%		
Finesse (Nm)	36/1	30/1	20/1
Torsion (tr/m)	660	602	492
α_m	110	110	110
Fs	67	80	120

McGregore B. A. (2002) a travaillé sur le fil peigné en cachemire australien destiné au tricotage. Le tableau 3.13 suivant présente les paramètres des filés produits.

Tableau 3.13 : Spécifications des différents fils peignés en cachemire (McGregor B. A. 2002).

Matière	Cachemire de 16,6 µm et de CV% de 20,6% La hauteur est de 40,8 mm avec un CV_H% de 45,6%		
Titre (Tex)	27,8	55,5	83,3
Torsion (tr/m)	581	786	1003
α_m	110	105	110
Fs	122	61	40

Les tableaux 3.12 et 3.13 ci-dessus montrent que le cachemire dont le diamètre et le CV% sont inférieurs, respectivement de 2,5 µm et 15%, par rapport à ceux du poil de dromadaire, donne un fil plus fin. En effet, en considérant le même coefficient de torsion et le même nombre de fibres à la section, avec le cachemire il sera possible de filer un Nm 56, alors qu'avec le poil de dromadaire le fil est de Nm 40.

La ténacité et l'allongement sont passés, respectivement, de 5,56 cN/tex et 25,33% pour le fil de Nm 20 à 4,5 cN/tex et 18,98% pour le fil de Nm 36 (tableau 14). Ceci peut être expliqué par la présence des points minces dans le fil. En effet, vu que la rupture d'un fil se fait, généralement, au point le plus faible (point mince), donc, le fil de Nm 36 qui a le nombre de points minces le plus élevé aura les plus faibles propriétés mécaniques. Aussi, nous signalons que nous avons enregistré une forte corrélation (r = 0,99) entre la ténacité et le nombre de points minces.

Tableau 3.14: Performances des différents fils évalués.

Finesse (Nm)	36/1		30/1		20/1	
	Moyenne	CV%	Moyenne	CV%	Moyenne	CV%
Ténacité (cN/tex)	4,5	14,8	5,14	10,6	5,56	13,6
Allongement (%)	18,98	25,3	22,66	21,91	25,33	23,93
Régularité U%	13,71	0,92	12,16	2,85	10,14	2,4
Pilosité *	1,41	4,63	1,41	6,37	1,71	5,36
Minceurs (-50%) /km	87,5	5,71	25,8	20,15	00	00
Grosseurs (+50%) /km	100	23,17	29,2	30,10	8,3	62,45
Neps (+200%) /km	61,7	10,33	20,7	33,07	12,5	20,38

*Pilosité : c'est un paramètre qui mesure la fréquence des fibres dont leur extrémité est non liée à la surface.

Le tableau 3.15 montre une comparaison entre les propriétés mécaniques des fils peignés simples produits par différentes fibres animales à savoir le poil de dromadaire, le cachemire et la laine. Le fil de dromadaire avec une ténacité moyenne et un allongement moyen respectivement de 5cN/tex et 22%, présente des propriétés mécaniques supérieures à celles du cachemire et inférieures à celles de la laine.

Tableau 3.15: Comparaison entre les propriétés mécaniques des fils peignés simples produits par différentes fibres animales.

Matière	Poil de dromadaire 19,04 µm et 44,1 mm *	Cachemire (McGregor B. A. 2002) 16,6 µm et 40,8 mm *	Laine (Fukuhara S. 2000) 19.4 µm et 73.2 mm *
Finesse (Nm)	30	28	28
Ténacité (cN/tex)	5	6	7
Allongement (%)	22	7	28

* respectivement diamètre moyen et longueur moyenne des fibres selon le diagramme Hauteur.

La pilosité des trois types de fil en poil de dromadaire parait très faible et inchangée alors que la régularité (U%) a augmenté légèrement pour le fil fin. Pour les imperfections (minceurs, grosseurs et boutons), le fil le plus fin (Nm 36) présente un nombre élevé de points minces, de points gros et de neps, mais il reste acceptable en le comparant au fil de cachemire (McGregor B. A. 2002). Cependant, pour un fil peigné de Nm 36 en laine de 19,4 µm les minceurs, les grosseurs et les neps sont respectivement de 11, 4 et 11 (Fukuhara S. 2000). Ceci est beaucoup plus faible que ce qui a été trouvé pour le fil en poil de dromadaire. Toutefois, Botha. A.F et Hunter L. (2000) ont trouvé pour un fil en laine peignée (diamètre de 22,4 µm et Hauteur de 60 mm) de Nm 28,5 les minceurs, les grosseurs et les boutons (neps) sont respectivement de 141, 79 et 29.

Le nombre élevé des imperfections trouvées pour les fils peignés en poil du dromadaire peut être associé aux fibres grossières qui sont restées dans le ruban même après peignage. Dans une étude de l'effet de la proportion des fibres grossières sur la performance de la filature et les propriétés des fils en laine, Botha. A.F et Hunter L. (2000) ont montré que l'augmentation de la proportion des fibres grossières provoque une hausse des minceurs, des grosseurs et de l'irrégularité dans le fil. L'effet est plus accentué pour les fibres de faible longueur. De même, la torsion de la mèche qui est relativement forte mais nécessaire pour donner plus de cohésion entre les fibres de dromadaire qui sont naturellement lisses, est également une cause probable du nombre élevé d'imperfections.

Les fils peignés en poils de dromadaire (Nm 36, 30 et 20) étaient commercialement de qualité convenable. La régularité et les imperfections étaient similaires selon des exigences industrielles et la ténacité et l'élongation des filés étaient acceptables.

En se basant sur le tableau 3.16 suivant, nous pouvons affirmer que pour un dromadaire qui a une toison d'environ 1,5 kg, la quantité de poils utilisable dans la production d'un fil peigné est de 356 g, ceci veut dire qu'un vêtement tricoté (pull par exemple) de 600 g nécessite la quantité de poil fournie par deux dromadaires pour sa confection.

Cependant, il est intéressant de signaler que le rendement de déjarrage varie entre 30 et 60% en fonction de l'âge du dromadaire. En conséquence, dans la quantité restante des fibres après la filature en processus peigné (20 – 4,25 kg) il y a au moins 5 kg de poils (25% de la quantité des fibres lavées) qui peuvent être utilisés en filature cardée ou en filature fibres courtes "type coton".

Tableau 3.16 : Potentiel économique des fibres de dromadaire.

	La quantité utilisée pour la filature peignée (kg)	Le rendement en fibres par dromadaire (kg)
Matière brute	21	1,5
Fibres lavées (95%)	20	1,425
Fibres déjarrées (25%)	5	0,356
Poils après processus de filature	4,25	0,303
Poils dans le produit final (tricot)	4,25	0,303

Concernant les jarres qui est d'une quantité d'environ 8 kg, et vue les bonnes propriétés physico-mécaniques montrées dans le chapitre 2, elles peuvent être utilisées pour la fabrication des feutres, des tapis, pour des techniques d'isolation ou en composite.

V- Blanchiment et dépigmentation

Dans la nature, les fibres animales spéciales comme les poils de dromadaire et le cachemire sont souvent trouvées dans diverses nuances de brun ou de gris, dû à la présence, dans la fibre, des granules de pigment de mélanine. Pour l'obtention d'une couleur blanche ou claire, ces fibres doivent subir une opération de blanchiment.

Les fibres animales pigmentées posent certains problèmes, essentiellement lorsqu'elles sont teins en nuance claire. Les fibres de couleur foncée sont moins chères que celles de couleur blanche, par exemple pour l'alpaga les fibres blanches sont trois fois plus chères que les fibres pigmentées (Knott J. 1990). Ainsi, il est considérablement intéressant économiquement de réaliser un traitement de dépigmentation pour les fibres animales colorées naturellement, s'il n'aura pas détérioration excessive du toucher et si les propriétés mécaniques et physiques des fibres sont légèrement modifiées. Le processus de dépigmentation est appliqué également pour la laine blanche contenant une petite proportion de fibres colorées. Souvent, les fibres foncées dans la laine provoquent des sérieux et chers problèmes pour les manufactures dans tous les stades du processus de la laine. Et l'enlèvement manuel des ces fibres est un travail pénible pour les yeux et intensivement cher.

Le blanchiment des fibres pigmentées est probablement la plus délicate et risqué opération durant tout le processus des fibres animales spéciales. La plus petite erreur de contrôle dans le processus de blanchiment peut provoquer des sérieuses détériorations pour la fibre. Donc, plus d'attention, dans le contrôle des paramètres de blanchiment, est absolument essentiel.

Dans cette partie nous discutons les travaux de recherche concernant le processus de blanchiment des fibres animales et en particulier les poils de dromadaire.

V. 1 – Pigments naturels des fibres animales.

Dans des conditions naturelles, les fibres animales ont parfois un aspect blanc, mais elles sont aussi naturellement colorées en marron, noir et différent niveau de gris. Cette coloration est due à la présence des pigments dans la fibre. Dans le poil animal (et les cheveux humain), il existe deux types de pigment :

- Eumélanine : responsable des couleurs noir, marron et gris foncé et il est communément connu sous le nom 'mélanine'.

- Phaeo-mélanine : présent dans les fibres de couleur jaune, rougeâtre et rouge.

La mélanine est un heteropolymère biologiquement complexe résultant d'une oxydation enzymatique du tyrosine et par polymérisation de plusieurs produits d'oxydation (Nicolaus R.A. 1968 ; Rily P.A. 1975).

La mélanine est localisée sous forme de granule ovale qui a, dans le cas de la laine et les cheveux humain, un petit axe variant de 0.2 à 0.4 µm et un grand axe allant de 0.4 à 1.3 µm (Knott J. 1990). Laxer et al (1954) ont trouvé un résultat très similaire et ils ont montré que le rapport petit axe /grand axe varie entre 0.3 et 0.5. La proportion de mélanine contenue dans la fibre pigmentée peut être aussi haute que 10% (Gissen M. 1981). Les granules de mélanine peuvent être trouvées dans le cortex ou dans la cuticule.

V. 2 – Le blanchiment des pigments

Le blanchiment est commun avec toutes les fibres animales spéciales, son but est d'atteindre une décoloration sélective des pigments naturels avec un minimum de dégradation pour la kératine. La méthode employée à cette fin implique un traitement avec un sel de fer (mordant) suivi d'un blanchement, souvent, avec le peroxyde d'hydrogène. Le blanchiment des fibres pigmentées a intéressé plusieurs scientifiques dans dives spécialités mais principalement ceux qui sont dans les domaines chimique et biologique.

Wolfram et al. (1970) ont étudié en détaille le mécanisme de blanchiment des cheveux humain. Ils ont indiqué que aucun agent réducteur comme l'acide thioglycolique, brohydride, sulfide et sulfite et ni les agents oxydants comme persulfate, perchlorate, iodate et permanganate produisent un changeânt physique apparent sur le pigment de mélanine. Aussi, Bereck et Kaplin (1983) ont tiré des conclusions similaires en travaillant sur une laine (karakul) noir. Ainsi, le traitement avec une solution de Na_2Co_3 durant 24 heures a eu comme conséquence un extrait marron/noir très foncé et l'étude au microscope électronique à transmission de la matière traitée a montré qu'une partie substantielle du pigment de mélanine a été dissous. Ce pendant, il n'y a pratiquement aucun changement dans la nuance de la fibre. Même un blanchissement alcalin avec du H_2O_2 a mené à une destruction relativement forte au granule de pigment sans aucun effet significatif sur la couleur de la fibre.

La meilleure chance pour un blanchiment efficace des pigments à un minimum de dommage de la fibre est obtenue par l'utilisation d'un catalyseur en métal dans l'étape de mordançage juste avant le blanchiment par le peroxyde d'hydrogène. Industriellement, le sel de fer (fe^{++}) est souvent utilisé comme mordant.

La figure 3.12 présente le principe de base du processus de blanchiment des fibres pigmentées en couleur foncée (Duffield P. 1986). Dans la première étape, les fibres pigmentées sont traitées avec une solution de sulfate de fer (II), rincées et finalement blanchies avec le peroxyde d'hydrogène.

Due à la présence des ions ferreux dans le pigment de mélanine, le peroxyde d'hydrogène subit une décomposition radicale menant à une espèce oxydante bien plus agressive que l'anion de perhydroxyde laquelle est généralement considéré comme l'agent de blanchissement dans des conditions de blanchissement alcalines habituelles.

Laxer et Whewell (1955) ont montré que le fer est mieux absorbé par la mélanine et ils ont trouvé une importante relation entre la quantité de mélanine (couleur) dans la fibre et la quantité de fer absorbée de la solution de sulfate de fer. Aussi, ils ont estimé que l'ion de fer (II) est fortement attiré vers la mélanine que la kératine. Plus récemment, à DWI (Deutsches Wollforschuninstitut) de Aachen Giesen et Ziegler (1981) ont étudié l'absorption de différents ions métalliques par les fibres kératinique pigmentées.

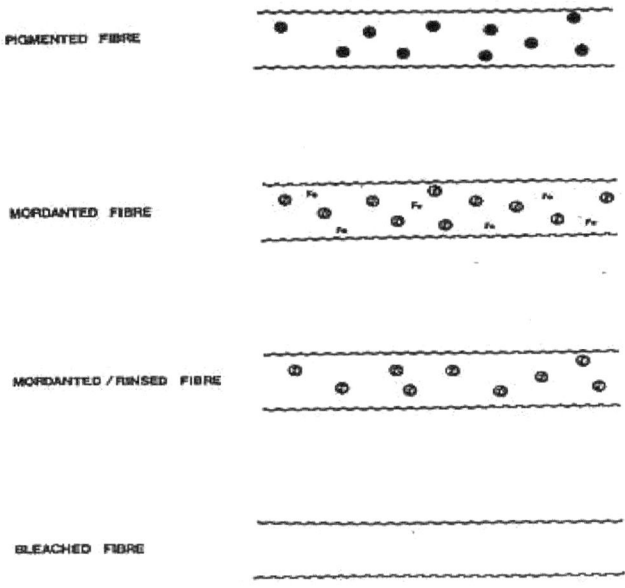

Figure 3.12 : Le principe du blanchiment des fibres pigmentées (Duffield P. 1986).

Une large gamme des sels de métaux ont été examiné pour comparer leur activité catalytique durant le blanchiment, mais l'ion de fer reste incomparable, si elle est utilisée comme mordant dans des conditions de blanchiment conventionnelles et simple (Laxer et Whewell 1955 ; Giesen M., and Ziegler Kl. 1981 ; Bereck A. 1985).

Mordançage avec les sels de fer (II)

Les premières études, concernant l'étape de mordançage, ont été établies par Laxer et Whewell (1955) et Giesen et Zeigler (1981), ces études sont considérées comme une base. Il était montré qu'une augmentation de la concentration de Fe^{++} au delà d'un seuil de 0.035 mol/L n'a pas une augmentation significative de l'absorption de fer par la fibre pigmentée. Et que la gamme de pH est entre 3 et 3.5, à une température de 80°C et un temps de traitement de 60 min.

L'agent réducteur, qui doit être ajouté au bain de mordançage dans le but d'empêcher le début d'oxydation des ions ferreux, joue un rôle décisif dans le blanchiment catalytique. Selon Trollip N. G., and Bereck, A. (1987), l'acide hypophosphorique est un excellent stabilisateur pour les ions Fe $^{++}$ mais il est connu que l'acide hypophosphorique attaque sévèrement la cystine.

Oh et al. (1997) ont suggéré que l'acide citrique a été l'agent le plus efficace dans les applications industrielles, puisqu'il a donné un bon lustre, toucher doux et un bon rendement de blanchiment. Cependant, quelques résidus de fer sont toujours restés, indépendamment de quel auxiliaire a été utilisé. Le fer a tendance à donner, dans l'ensemble, une indésirable dispersion marron-rougeâtre et cause excessif dommage.

Khishigsuren et al. (2001) ont étudié les effets du processus de mordançage en utilisant différents agents auxiliaires pur le blanchiment du poil de chameau. Ils ont établi les conditions de mordançage dans lesquelles la précipitation excessive de fer est empêchée, tout en fournissant la plus complète réaction du fer avec la mélanine en termes de degré de blancheur. Cependant, ils n'ont pas vérifié la dégradation des propriétés mécaniques des fibres. En se basant, sur l'hypothèse qu'une basse température et temps conduit à une réduction du dommage de la fibre, ils ont conclu que le bisulfate de sodium donne le bon résultat.

Rinçage

Le rinçage, suivant l'étape de mordançage, s'est avéré très critique de point de vue les conséquences de dommage sur la fibre. L'interaction mélanine/Fe^{++} est beaucoup plus importante que l'interaction kératine/Fe^{++}, ainsi en plus de l'absorption sélective de fer, la désorption sélective devient un important facteur dans l'optimisation du processus de blanchiment de pigment.

Le but du rinçage est d'enlever sélectivement le fer associé à la kératine (Bereck A. 1985). Cependant, une importante quantité de fer se trouvant sur les fibres après le processus conventionnel de mordançage n'est pas enlevée significativement durant le rinçage, ce qui provoque une décoloration et un dommage excessif aux fibres blanchies. L'importance du processus de rinçage dans l'élimination des résidus du fer a été examiné par certain auteurs (Trollip, N. G.et al. 1985 ; Bereck A, 1994). Bereck A. (1994) a trouvé que le rinçage à chaud avec l'acide hypophosphorique est plus efficace qu'un rinçage normal à froid dans l'élimination des résidus de fer des fibres. Oh et al. (1997) ont rapporté qu'il a été possible de réduire le dommage par une désorption sélective les ions métalliques de fibres par rinçage avec de l'eau chaude et acidifié avec l'acide citrique à un pH ne dépassant pas 2. Dans leur travail sur le blanchiment des fibres de yak, Yan et al. (2000) ont suggéré que l'ajout dune petite quantité d'un agent WP-803 (chelating agent) au bain de rinçage a amélioré le toucher et autre propriétés physiques par l'élimination d'oxyde de fer de la fibre. Cependant, ils n'ont pas indiqué la nature de la composition chimique de ce produit (WP803).

En 2002, Khishigsuren et al. (2002) ont étudié les effets du processus de rinçage sur le blanchiment du cachemire en utilisant le bisulfite de sodium, l'acide phosphorique et l'acide citrique. Ils ont trouvé que le rinçage avec le bisulfite de sodium donne une meilleure blancheur et un minimum de dommage pour les fibres.

Blanchiment

L'étape de blanchiment a été améliorée en considérant les paramètres suivants : concentration des ions Fe^{++} dans le bain de mordançage, la concentration du peroxyde d'hydrogène et de l'agent stabilisateur, la température et le pH du bain de blanchiment et le temps de blanchiment. Les plus importants facteurs prouvés sont la température et la concentration du peroxyde d'hydrogène. Dépendamment les autres paramètres, chaque travail à haute température et faible concentration du peroxyde d'hydrogène ou vis versa est plus convenable. Knott (1990) a étudié l'influence de la concentration du peroxyde d'hydrogène sur la dépigmentation des fibres de yack. Il a trouvé que la dégrée de dépigmentation et la dégradation de la matière croient en fonction de la concentration du peroxyde d'hydrogène. En ce qui concerne l'agent stabilisant, le monophosphate et les polyphosphates de sodium sont étudiés et le tetrasodiumpyrophosphate se sont avérés les plus appropriés. D'autre agent stabilisateur comme silicates et agents chelatine (chelating) n'ont pas donné des résultats meilleurs que le pyrophosphate de sodium.

V. 2 – Blanchiment des poils de dromadaire

Le succès de blanchiment des fibres pigmentées était, en général, évaluée par une blancheur maximale, un jaunissement minimale et une faible détérioration des fibres blanchies. Une revue de la littérature révèle que de nombreuses études sur le blanchiment de fibres pigmentées ont concerné l'amélioration de la blancheur et des propriétés mécaniques des fibres blanchies. Dans une récente étude (Harizi T. et al. 2013), nous avons étudié les effets de la concentration de peroxyde d'hydrogène, le temps de blanchiment et le bain de clarification sur le degré du blanc, l'indice de jaunissement, les propriétés mécaniques et l'efficacité du blanchiment des poils de dromadaire tunisien.

Effet de la durée de blanchiment.

Pour étudier l'effet de différents temps de blanchiment sur l'efficacité de blanchiment des poils de dromadaire, une série d'essais ont été effectuées en utilisant cinq temps de blanchiment différents. La figure 3.13 montre une augmentation et une diminution du degré de blanc et de l'indice de jaunissement, respectivement, en fonction de la durée de blanchiment. On peut voir sur cette figure que des valeurs maximales du degré de blanc et minimales de l'indice de jaunissement ont été obtenues à un temps de blanchiment égal à 30 mn. Après 30 minutes, le degré de blanc diminue légèrement et l'indice de jaunissement augmente légèrement. Ceci peut être dû au plus long traitement dans la liqueur chaude (Lewis, D., M. 1992). Ces résultats montrent que le temps de blanchiment optimum est 30mn dans les conditions testées (Harizi T. et al. 2013).

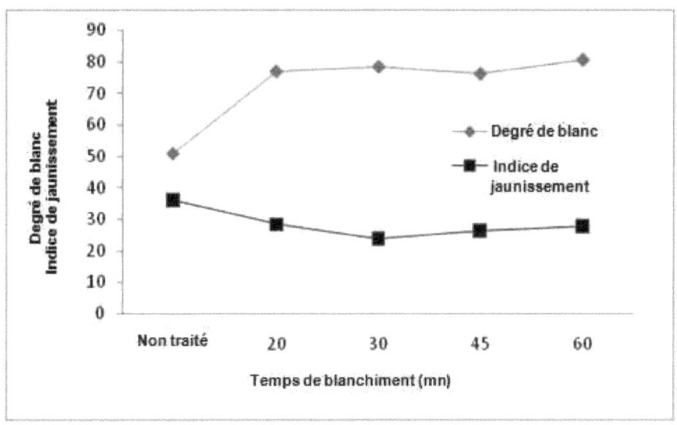

Figure 3.13 : Effet du temps de blanchiment sur le degré de blanc et l'indice de jaunissement des fibres blanchies.

Cependant, un élevé temps de blanchiment provoque un dommage excessif aux fibres blanchies. En effet, la ténacité des fibres blanchies est significativement réduite dans tous les cas, en particulier à long temps de blanchiment. Ceci s'explique probablement par l'attaque de peroxyde d'hydrogène aux acides aminés dans la fibre kératinique.

Effet du rinçage

Dans cette expérience, le blanchiment des cheveux dromadaire à différentes méthodes de rinçage a été effectué. Deux différentes conditions de rinçage (rinçage est après le blanchiment) sont essayées; le premier est un rinçage à l'eau pure uniquement et le second est un rinçage à l'acide oxalique. Dans cette expérience, une durée de blanchiment de 30 min et une concentration en peroxyde d'hydrogène de 6 g / L ont été utilisés. Le tableau 3.17 présente les résultats de l'effet de rinçage après le blanchiment sur le degré de blanc et l'indice de jaunissement des fibres blanchies. Les résultats de mesure de la couleur montrent que l'indice de jaunissement, qui a été de 43, est réduite à 23,7 et a augmenté à 36,1 pour le rinçage à l'eau pure et le rinçage en utilisant de l'acide oxalique, respectivement. En outre, le degré de blanc, qui a été de

51,1, est élevé à 69,2 et a augmenté à 78,5 de pour le rinçage à l'eau pure et le rinçage en utilisant de l'acide oxalique, respectivement. Ceci indique que le rinçage (après le blanchiment) à l'aide de l'acide oxalique est un bon point de départ pour la teinture de nuances claires.

L'acide oxalique solubilise le fer présent sur les poils de dromadaire après l'étape de blanchiment et donc d'alléger la fonde décoloration. La réaction de l'acide oxalique avec le peroxyde d'hydrogène résiduel après l'étape de blanchiment à créer un agent fortement réducteur qui réduit toutes les espèces ferriques qui peuvent être présentes sur les poils de dromadaire blanchie à la forme ferreuse, qui est facilement éliminé par lavage en raison de sa plus petite affinité au blanc poil de dromadaire.

Ce problème de la décoloration est dû à la grande quantité de fer qui reste sur les fibres après le processus de mordançage qui ne peut être sensiblement éliminé pendant le rinçage. Le but de rinçage est d'éliminer sélectivement le fer associé à la kératine (Bereck A. 1985). Néanmoins, il est très difficile de supprimer complètement tout le fer résiduel une fois une grande quantité a été déposé (Oh, K. 1997).

Tableau 3.17 : Effet de rinçage après le blanchiment sur le degré de blanc et l'indice de jaunissement des fibres blanchies pour un temps de blanchiment de 30mn et une concentration H2O2 de 6g/L.

Rinçage après le blanchiment	Degré de blanc [a]	Indice de jaunissement [b]	Ténacité cN/tex [c]
Non traité	51,05 ± 1,2	36,15 ± 0,9	18,18 ± 1,8
Eau Pure	69,19 ± 0,7	43,05 ± 0,6	13,47 ± 2,5
Oxalic acid	78,48 ± 1,1	23,76 ± 1,0	14,12 ± 2,7

[a] As per ASTM E-313; mean value of 3 samples ± standard deviation, each sample having 8 measurements. [b] As per ASTM D-1925; mean value of 3 samples ± standard deviation, each sample having 8 measurements. [c] As per NF G 07 307; mean value of 3 samples ± standard deviation, each sample having 10 measurements.

Le tableau 3.17 montre clairement que l'acide oxalique, qui est utilisée pour le rinçage des poils de dromadaire (après le blanchiment), fournit de meilleurs résultats en terme de degré de blanc. Certes, l'acide oxalique a permis d'éliminer le maximum de fer restant sur la fibre après le blanchiment.

Effet de la concentration de peroxyde d'hydrogène

Pour déterminer l'effet de la concentration de peroxyde d'hydrogène sur la décoloration des poils de dromadaire, une série d'essais ont été effectuées en utilisant cinq différentes concentrations de peroxyde d'hydrogène. Les résultats indiquent une relation linéaire entre les concentrations de H_2O_2 et les valeurs de l'indice de jaunissement. Cela signifie également que l'indice de jaunissement diminue et le degré de blancheur croit avec l'augmentation de la concentration de H2O2. Des valeurs maximales de degré de blanc (81,7) et minimales de l'indice de jaunissement (21,1) ont été obtenus avec 9 g / L de H_2O_2, et il n'y a pas de différence considérable entre le degré de blanc et les indices de jaunissement avec 9 g / L et 7,5 g / L. Un maximal degré de blanc qui peut être atteint par blanchiment avec H2O2 ne peut être considéré optimal sauf s'il est accompagné d'un faible dommage encourus par les poils de dromadaire.

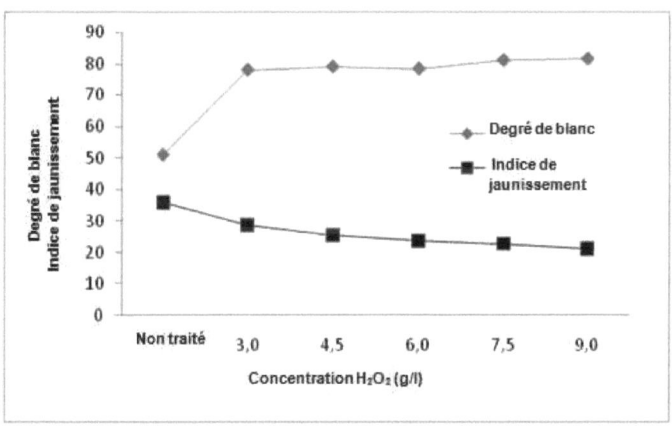

Figure 3.14 : Degré de blanc et indice de jaunissement des poils blanchis en fonction de la concentration de H_2O_2.

La figure 3.15 présente l'évolution de la ténacité des poils blanchis fonction de la concentration de peroxyde d'hydrogène. La courbe montre une évolution décroissante de la ténacité lorsque la concentration de peroxyde d'hydrogène augmente. En effet, la diminution de la ténacité était rapide entre les concentrations de H2O2 de 0 à 3 g / L, mais à partir de 3 à 6 g / L de la pente de la courbe diminue lentement. Une augmentation de la concentration de H2O2 de 6 à 9 g / L entraîne une importante diminution de la valeur de ténacité. Cela démontre les dommages excessifs supportés par la fibre lors de l'utilisation du peroxyde d'hydrogène en particulier avec la haute concentration. Cette détérioration entraîne des effets néfastes sur la ténacité de la fibre.

En général, les changements dans les propriétés mécaniques de la fibre kératénique provoqués par le blanchiment peuvent être interprétés de manière satisfaisante en fonction de l'attaque par oxydation des liaisons disulfures uniquement. Les liaisons disulfures contribuent largement à la résistance à l'état humide de fibres kératénique, qui diminuent de manière pratiquement linéaire avec la teneur en cystine. Il est, cependant, évident que la principale source de dommage réside dans la destruction des liaisons disulfure (Bereck, A. 1985 et 1994 ; Oh, K. 1997). Les résultats, présentés aux figures 3.14 et 3.15, montrent clairement que la concentration en H2O2 de 6 g / L était optimal. Des concentrations plus élevées ont donné lieu à un effet de détérioration et des concentrations plus basses ne fournissent aucune amélioration significative.

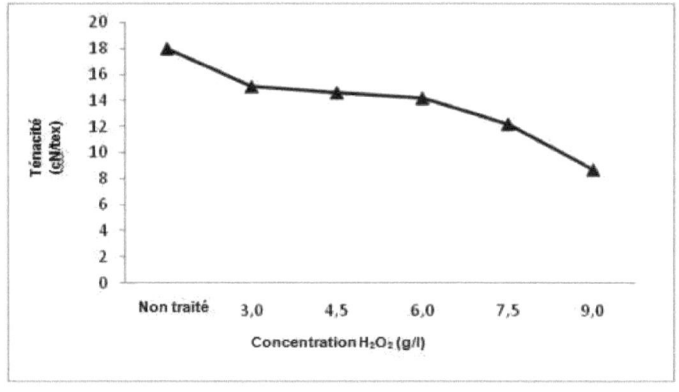

Figure 3.15 : Evolution de la ténacité des poils blanchis en fonction de la concentration de H_2O_2.

Références

Algaa S et Maegel M. Investigation and optimization of the mechanical dehairing of unsrted fibres. International Textile Reports. 73, N° 11 E392-E395, 1992

Algaa, S. and Mägel, M. (1992). Investigation and optimisation of the mechanical dehairing of unsorted fibres of cashmere goat, camel and yak. *Melliand Textil.* **73**, 860-865, E 392-395.

Alix, A. et A. Gibert ; Géographie des textiles. Paris : Librairie de Médicis, 1956, page 228

Andrzej Wlochowicz and Teresa Marchlewska . Alterations in Structural and Mechanical Properties of Wool Fibers Versus Sheep's Age. Textile Research Journal 38, 1968, page 503

Becker W, Lubricants in Wool Top Making. Proc. 10th International Wool Textile Research. Conf, Aachen, Germany, November 2000, YA-1.

Belleli, T. Quelques fibres animales spéciales. L'Industrie Textile, N° 1122, Mai 1982, pages 423-426.

Bereck A. and Kaplin I.J., Electronmecroscope Observations on the Disintegration of Melanin Granules in Chemically Treaded Wool, J.Textile Inst., 74 44-47 (1983)

Bereck, A. Bleaching of Dark fibres in Wool, Proc. 7th Int. Woll Text. Res. Conf., Tokyo, IV, 152-161 (1985)

Bereck, A., Bleaching of Pigmented Speciality Animal Fibres and Wool, Rev. Prog. Color. 24, 17-25 (1994).

Botha. A.F, Hunter L. The effect of coarse edge on spinning performance. The 10th International Wool Textile Research Conference, Aachen, November 2000, YA-3.

Braun, A. The potential utilization of South African indigenous goats for cashmere production, Proceeding of Workshop: in research and training strategies for goat production systems in South Africa, Hogsback, South Africa, 1998

Butler, K.L. and Dolling, M. Journal of Textile Institute, 86, 1995, page 164.

Cao J. Origin of the Bimodal "Melting" Endotherm of a-Form Crystallites in Wool Keratin. Journal of Applied Polymer Science. 63, 1997, page 411.

Chouki M. National camel development project in Tunisia.The 2nd ISOCARD Conf. March 2009, Djerba – Tunisia.

Couchman R.C. and C.M. Holt; A Comparison of the Shirley Analyser and Trash Separator for Dehairing Cashmere Samples. Journal of Textile Institute, N°2, 1990, page 81

Couchman, R. C. 1989. The effect of breed type, fibre length, and fibre diameter on the efficiency of dehairing cashmere in sample test dehairers. Journal of The Textile Institute 80(1): 129–137.

Couchman, R.C. (1984a). Studies on the cashmere down production of goats. M.Agr.Sc. Thesis. The University of Melbourne, Melbourne, Victoria, Australia.

Daval, F. et Rondote, A. Biogéographie évolutive des camélidés. www.camelides.cirad.fr/fr/curieux/Biogeo1.html Consulté en mars 2006 et vérifié en juin 2009

Davis, S. P. and Bassett, J. W., 1965. The influence of age on fibre diameter, staple length and yield of mohair, *Bull. Text. Agric.Exp. Sta.*, PR 2332, 27.

Debnath, C.R., Bhowmick, B.B., Das, P.K. and Ghosh, S.K. (1987). Goat hairs as textile fiber. *Textile Trends* **30** (3) 35-39.

Denton M. J., Daniels P. N. Textile terms and definitions. Textile Institute (Manchester, England) Book, Textile Institute, January 2002, page 12

Domestic Goat. http://www.animalpicturesarchive.com/view.php?tid=3&did
Consulté en juin 2009

Drian, J. Y., and U. Sarangoo. 2001. Le cachemire de Mongolie. *L'industrie textile*
N°1329: 40–43.

Duffield P., Review of Bleaching, IWS 1986

Eley J R and Harrowfield B V, Factors Affecting the Maintenance of Fibre Length in
Worsted Carding. Proc. 7th Int.Wool Text. Res. Conf., II, 282, Tokyo, Japan , August
1985.

Farnfield C.A., Perry D.R. Identification of Textile Materials. Textile Institute, The
7th edition, June 1985, page 28

Fay, B. et Elkoumi, M. Le guide dans l'élevage des dromadaires. SANOFI Santé
Nutrition Animale, Casablanca – Maroc, 1ère édition 1999, page 21

Feughelman M. A model for the mechanical properties of the a-keratin cortex,
Textile Research Journal, 64, 1994, page 236-9

Feughelman M.; A note on the role of the microfibrils in the mechanical properties of
α-keratins. Journal of Macromolecule Science Physics B16, 1979, pages 155-162

Frank R. R, Silk, Mohair, Cashmere and other Luxury Fibres. The Textile Institute of
Woodhead Publ.Ltd., 2001, page 83

Frank R. R, Silk, Mohair, Cashmere and other Luxury Fibres. The Textile Institute of
Woodhead Publ.Ltd., Cambridge England, 2001, p 83 et 152-159

Frédérique S. Laine et Colorants : fixation, quantification et vieillissement. Etude par
spectrométrie Raman. Thèse de doctorat de l'université PIERRE et MARIE CURIE,
Paris Soutenue le 14 mars 2008, page 9

Fukuhara S., S. Endo, M. Hori; Effects of spinning conditions and yarn composition in Solospun (weavable single yarn) spinning. The 10th International Wool Textile Research Conference, Aachen, November 2000, YA-7.

Gassan J. & Beldzki A. K. Properties and modification methods for vegetable fibers for natural fibers composites. Die Engew Makromol Chem, N° 236, 1996, pages 129 – 138

Giesen M., and Ziegler Kl., Die Absorption Von Eisen Durch Wolle und Haar, Melliand Textilberichte 62, 480-481 (1981)

Gissen M., Beitrage zur kenntnis des Melanins in Keratinfasern, Ph. D. Thesis, RWTH Aachen, 1981.

Glotzer, L.M, Tschuikowa, N. J, Mechanitscheskoe razdelenie osti u kozijego pucha. Legkaja promyschlennosty, S. 40, 1956

Harizi T., Study of the textile potential of Tunisian dromedary hairs [Ph.D. thesis], ENIM, Monastir University, Tunisia, 2010.

Harizi, T. Etude du potentiel textile des poils de dromadaire 'camelus dromaderius'. Mastère en Génie Textile, ENIM Monastir, 2003.

Harizi Taoufik, Slah Msahli, Faouzi Sakli, Mosleh Mekki and Touhami Khorchani. Surface Morphology Investigation of Tunisian Dromedary Hair. Journal of Agricultural Science and Technology A 4 (2014 b).

Harizi Taoufik, Mekki Moslah, Msehli Slah & Sakli Faouzi. Fleece Production, Scouring Yield, and Down Hair Yield of Tunisian Dromedary. Journal of Natural Fibers, Volume 11, Issue 2, 2014 a, pages 113-120

Harizi, T., S. Dhouib, S.Msahli, and F. Sakli. Bleaching Process Investigation of Tunisian Dromedary Hair. ISRN Textiles, Volume 2013,

Harizi T., and M. Moslah. "Microscopic analysis of wool/dromedary hair blends" the international camel conference of "sustainability of camel populations and production", King Faisal University, Saudi Arabia, during the period 17-20th February, 2013.

Harizi Taoufik, Slah Msahli, Faouzi Sakli, Mosleh Mekki and Touhami Khorchani. Surface morphology investigation of Tunisian dromedary hair. the 3rd Conference of International Society of Camelids Research and Development (ISOCARD). 29th January to 1st February 2012 Muscat, Sultanate of Oman

Harizi T., S. Msahli, F. Sakli. Thermoanalytical characterisation of dromedary hair. The Journal of The Textile Institute, Volume 101, Issue 7, 2010 pages 668-673

Harizi T., S. Msahli et F. Sakli (2009). Machine semi-industrielle de déjarrage des fibres de dromadaire. N° de dépôt TN 2009 / 0425

Harizi T., S. Msahli, et F. Sakli Investigation of keratin fibres using thermal analyse. Congrès international de la recherche appliquée en textile CIRAT 3, Monastir, Tunisie, novembre 2008

Harizi T., S. Msahli, F. Sakli, T. Khorchani, Evaluation of physical and mechanical properties of Tunisian camel hair, Journal of Textile Institute 98 (2007) 15-21.

Harizi T., S. Msahli, M.Moslah , M. Hammadi , F. Sakli et T. Khorchani. Caractérisation de la structure fine des fibres de dromadaire. 2ème congrès international de la recherche appliquée en textile CIRAT 2, Monastir, Tunisie, décembre 2006

Harizi,T. Msahli,S. Moslah,M. Sakli,F. Khorchani,T. Estimation de la quantité de poils dans la toison du dromadaire tunisien. Revue de l'Institut National Agronomique de Tunisie (TN), vol.21, n. 2, 2006, p. 113 - 130

Hearle J. W. S. The interpretation of the mechanical properties of wool. Applied Polymer Symp. 18, 1971, pages 775-794

Herrmann S. et Wortmann F.J. Opportunities for the simultaneous estimation of essential fleece parapeters in raw cashmere fleeces. Livestock Production Science 48, 1997, pages 1-12

Holt, L.A. (1995). *A study of the surface structure/property relationships of Australian mohair and cashmere fibres.* Final Report Project ULA-12A to Rural Industries Research and Development Corporation. School of Agriculture, La Trobe University, Bundoora, Victoria, Australia.

Horikita M., M. Fukuta, A. Takaoka and H. Kowai, Sen-I Gakkaishi, 45, 1989, page 367

Hunter L and Smuts S, Some typical bundle and single fibre tensile properties of mohair. SAWTRI Bull ,1981(2), pages 15-18.

Huson M.,J. Church, G. Heintze,.10th International Wool Textile Research Conference. Aachen (D), November 2000, ST-5.

Johari, M, Ekhtiyari, E. and Abedi, M. (2001). The effect of percentage of remaining hair, breed and ambient relative humidity on electrical resistance of cashmere fiber. *Proc. 6th Asian Textile Conf.*, Hong Kong, 8 pp.

Jones, J. M., 1935. Effect of age, sex and fertility of Angora goats on the quality and quantity of mohair, *Bull. Text. Agric. Exp. Sta.*, 516.

Kawabata S., Y. Yamashita, M. Niwa. Micro-mechanics of wool single fibre. 10th International Wool Textile Research Conference. Aachen, November 2000, ST-2,

Kazuo W. and Eiichi J. An Automatic Vibroscope and How to Use It. Journal of The Textile Machinery Society of Japan Vol. 16, No. 2 (1970) T59-T67

Khayatt R. and N. H. Chamberlain. The Bending. Modulus of Animal Fibres, Journal of Textile Institute, 1948, 39, T185-. T 197

Khishigsuren A., M. Nakajima, and M. Takahashi, Effects of Ferrous Mordanting on Bleaching of Camel Hair, Textile Res. J. 71(6), 487-494 (2001)

Khishigsuren A., M. Nakajima, and M. Takahashi, Using Sodium Bisulfate as a Rinsing Auxiliary in Bleaching of Cashmere, Textile Res. J. 71(1), 51-54 (2002)

Knott J. (1990) Fine Animal Fibres and their Depigmentation Process.

Kulkarni V.G. Chemical Composition of Kerateines from the Orthocortex and Paracortex of Merino Wool Textile Research Journal 45; 1975; page 110

Kulkarni, V.G. Electron Microscope Examination of the Morphological Components of Keratin Fibers. Textile Research Journal, 45, 1975, pages183-184.

Langley, K. et T. Kennedy : The identification of Specialty Fibres. Textile Research Journal, Vol 51, n° 11, 1988, pages 703-709.

Laxer G. and C.S. Whewell, Some Physical and Chemical Properties of Pigmented Animal Fibres, Pruc. Int. Wool Res. Conf. Australia, F186-F200, 1955

Laxer G.,J. Sikorski, C.S. Whewel and H.J. Woods, the Electron microscopy of Melanin Granules Isolated from Pigmented Mammalian Fibres, Biochem. Biophys. Acta, 15, 174-185, 1954.

Leeder JD, McGregor B A and Steadman R G. Properties and Performance of Goat Fibre   A report for the Rural Industries Research and Development Corporation (RIRDC) RIRDC Publication No 98/22, RIRDC Project No ULA-8A, March 1998, pages 17-27.

Leeder, J.D. J.A. Rippon and D.E. Rivett, Modification of the Surface Properties of Wool by Treatment with Anhydrous Alkali, Proc. 7th Inter. Wool Test Research Conference, Tokyo, Vol. IV, August 1985, pages 312-321.

Lewis, D., M., Wool Dyeing, Ed. Lewis, D. M. Society of Dyers and Colourists, Leeds, 1992,112-116.

Li, Ze. (1989). *The Technology of Dehairing Cashmere Goats Wool*. Australian National University, Canberra, Australia.

Lijing W., Tong L., Xungai Wa., and Akif K. Frictional and Tensile Properties of Conducting Polymer Coated Wool and Alpaca Fibers. Fibers and Polymers 2005, Vol.6, No.3, 259-262

Logan, R.I., D.E. Rivett, D.J. Tucker and A.H.F. Hudson: Analysis of the Intercellular and Membrane Lipids of Wool and Other Animal Fibres. Textile Research journal, 59, 1989, pages109-113.

Luniak B. The identification of textile fibres. Pitman, London, 1953, pages 56-63

Lupton, C. J., D. L. Minikhiem, F. A. Pfeiffer, and J. R. Marschall. 1995. Concurrent estimation of cashmere down yield and average fiber diameter using the optical fiber diameter analyser. 9th Int. Wool Text Res. Conf., Biella, Italy. 2:545–554.

Martindale JG. A New Method of Measuring the Irregularity of Yarns with Some Observations on the Origin of Irregularities in Worsted Slivers and Yarns, Journal of Textile Institue, 36, 1945, pages 35-47.

Mc GOVERN J.N. Fibers, Vegetable Polymers – Fibers and Textiles, New-York: John Wiley and Sons, 1990, Pages 412 – 430

McGregor B. A. Australian Cashmere -attributes and processing. A report for the Rural Industries Research and Development Corporation, August 2002, RIRDC Publication No 02/112, RIRDC Project No DAV-98A

McGregor B.A; Quality attributes of cashmere. 10th international wool textile research conference, DWI, Aachen, December 1, 2000

McGregor, B. A. 2003. Clean fibre, vegetable matter, wax, suint and Ash content, yield and fibre attributes of commercial lots of Australian Cashmere. *Wool Technology and Sheep Breeding* 51(3): 224–241.

McGregor, B.A. (1996). Production and processing of cashmere in China. Report of a Study Tour to Hebei Province and Xinjiang Uygur Autonomous Region. Agriculture Victoria, Attwood, Australia.

McGregor, B.A. (2001). The quality of cashmere and its influence on textile materials produced from cashmere and blends with superfine wool. Ph.D. Thesis. Department of Textile Technology, Faculty of Science. The University of New South Wales, Sydney.

McGregor, B.A. (2002). *Australian Cashmere – attributes and processing*. RIRDC. Research Paper No. 02/112. RIRDC, Barton, ACT, Australia. https://rirdc.infoservices.com.au/items/02-112

McGregor, B.A. (2006a). *Benchmarks for cashmere*. RIRDC Research Report No 06/015i. RIRDC, Barton, ACT, Australia. https://rirdc.infoservices.com.au/items/06-015

McGregor, B.A. (2006b). 3rd International cashmere determination technique symposium, China. *Cashmere Aust.* **24**: 4-6.

McGregor, B.A. and Butler, K.L. (2008). The effects of cashmere attributes on the efficiency of dehairing and dehaired cashmere length. *Textile Res. J.* **78**, 486-496.

McGregor, B.A. and Postle, R. (2004). Processing and quality of cashmere tops for ultra-fine wool worsted blend fabrics. *Inter. J. Clothing Sci. Techn.* **16**, 119-131.

McGregore, B. A. and Butler, K. L., 2004. Source of variation in fibre diameter attributes of Australian alpacas and implications for fleece evaluation and animal selection, *Aust. J. Agric. Res.*, 55, 433–442.

Mekki MOSLAH, Youssef MOUMNI, Taoufik HARIZI et Slah MSAHLI. The First International Conference of Applied Research in Textile, décembre 2004, Monastir, Tunisie

Miao, X. and Li, Y. (1998). Technological of cashmere dehairing by roller airflow. *Proc. 2nd China Inter. Wool Text. Conf.*, Xian, China, pp. 667-673.

Mittal, J.P. (1988). Hair characteristics of desert goats. *Indian Vet. J.* **65**, 731-733.

Moia, G. Auswahl von fasern nach ihrer lange und nach gesichtspunkten moderner spinnereitechnologie, Vortrag zur Aachener Textiltagung 1985

Moon H., Mary L. R., Ning P., Mary B., Peter S. and Stanley B. Mechanical Properties of Fabric Woven from Yarns Produced by Different Spinning Technologies: Yarn Failure in Woven Fabric. Textile Research Journal.1993; 63: 123-134

Morton W. E., Hearle J. W. S. Physical Properties of Textile Fibers, 2nd Ed. London: The Textile Institute & Butterworth and Co., 1986, page 161

Morton W. E., Hearle J. W. S. Physical Properties of Textile Fibers, 3rd Edition, The Textile Institute, Manchester, 1993, page 441

Mosleh, M.L'élevage camelin en Tunisie et ses perspectives de développement. Mémoire de fin d'études, ESA Mateur, janvier 1998, page 34

Msahli S. Etude du potentiel textile des fibres d'agave Americana L. Thèse de Doctorat en sciences de l'ingénieur, 11 juillet 2002, Université de Haute Alsace

Msahli S., T. Harizi, F. Sakli, T. Khorchani, Effect of the dehairing dromedary hair process on yield, fibre diameter, fibre length and fibre tenacity, J. Text. Inst. 99 (5) (2008) 393-398.

Mukherjeep S. and Satynaryana K. G. Journal of Mater Sciences, 1986, N° 21, pages 51 – 56

NFG 07-002. Détermination de la force et de l'allongement de rupture par traction, méthode simplifiée, Paris: AFNOR, 1985

Nicolaus R.A., the melanins. Herrmann, Paris 1968

Oh, K., Park, M., and Kang, T., Effect of Mordant Bleaching on the Optical and Mechanical properties of Black Human Hair, J Soc.Dyers Colour. 113, 243-249 (1997).

Phan K.-H. Characterization of Specialty Fibres by SEM. Proc. first Inter. Symp. on Specialty Animal Fibers. Aachen, 1988, pages 137-162.

Phan K.-H., F.-J. Wortmann; Quantitative Analysis of Blends of Wool with Speciality Fibres by Scanning Electron Microscopy. IWTO DRAFT XX-96(E), Boston Meeting, May 1997, Report No:24.

Phan K.-H., Wortmann F.-J. "Identification and Classification of Cashmere", in "Metrology and Identification of Speciality Animal Fibres", European Fine Fiber Network (Laker J.P. & Wortmann F.-J. eds.), Occ. Publ. No. 4, 1996, page 45.

Phan, K.-H., G. Wortmann, F.-J. Wortmann; Microscopic Characteristics of Shahtoosh and its differentiation From Cashmere/Pashmina. The 10th International Wool Textile Research Conference, Aachen, December 2000, SF-2

Phan, K.H., Wortmann, F.J., 2000. Appendix 10, Quality assessment of goat hair for textile use. In: Silk, mohair, cashmere and other luxury fibers (Ed Frank, R.R), The Textile Institute, Woodheaed Publishing Ltd. Cambridge, UK.

Pierre Le Perchec : Les molécules de la beauté, de l'hygiène et de la protection CNRS   Editions/Nathan
http://www.cnrs.fr/cw/dossiers/doschim/decouv/cheveux/keratine.html Consulté en mars 2008 et vérifié en juin 2009

Postle R. Carnaby G A and de Jong S, The mechanics of wool structure. Ellis Horwood Limited, Chichester, 1988,

Rae A. and Bruce R. The Wira Textile Data Book. Wira, Leeds, 2nd edition, 1982, page 112

Rily P.A., the Mechanism of Melanogenesis, in comparative Biology of Skin,Ed. R.I.C. Spearman, Symposia of the Zoological Society of London, No39, 77-95, 1975.

Rivett, D.E., Logan, R., Tucker, D.J. and Hudson, A.J.F. The Chemical Composition of the Cell Membranes of Specialty Animal Fibres, Proc. 1st. Inter. Symp. of Specialty Animal Fibres, Aachen, October 1988, pages128-136.

Robbins C. R. and Kelly C. H. Amino Acid Composition of Human Hair. Textile Research Journal 40; 1970; pages 891-896

Roberts, M.B., 1973, Ph.D. Thesis, Leeds University.

Robson D. Animal Fiber Analysis using Imaging Techniques ; Part II: Addition of Scale Height Data. Textile Research Journal, 70 (2), 2000, pages116-120

Rogers, G. E. Electron Microscopy of Wool, Journal of Ultra Structure Research. 2, 1959, pages 309-330

Rowell, J. E., C. J. Lupton, M. A. Robertson, F. A. Pfeiffer, J. A. Nagy, and R. G. White. 2001. Fiber characteristics of qiviut and guard hair from wild muskoxen. *Journal of Animal Science* 79: 1670–1674.

Russel, K. P. The speciality animal fibers Textiles. Plenum Press, New York , 2-1977, vol. 6, n° 1, pages 28-30

Satlow, G. Faser forschung & Textil technik, 16, 1965, page143.

Sghair, D. M. Etude économique des dromadaires et de leurs produits en Tunisie. Filière des développements des dromadaires, Mars 2003, pages 23-30

Simpson, W. S., and G. H. Crawshaw. 2002. *Wool science and technology.* Cambridge, England: Woodhead Publishing Ltd.

Singh, A. (2003). A study on dehairing of Australian cashmere fibres. M.Eng. Thesis. Deakin University, Geelong, Australia.

Skillecorn, J.J. & Associates Pty Ltd. Goat Fibre Industries in Australia. RIRDC Research Paper Series No 93/2, 1993. (RIRDC: Canberra).

Smith A. & Harris, M. Journal of Research of the National Bureau of Standards, 18, 1937, page 623.

Smith, G., Blackburn, D. and Ross, T. (1984). Processor requirements: Dawsons International Ltd. Goat Note H1/1. Australian Cashmere Goat Society, Ascot Vale Victoria, Australia.

Snow Lotus (2007). Cashmere combing dehairing machine. Chinabeijing Snow-Lotus Cashmere Co. Ltd, Beijing, China.

Spei, M., and Holzem, R., Thermoanalytical investigations of Extended and Annealed Keratins, Colloid of Polymer Science. 265, 1987, pages 965-970

Spei, M., Thermoanalytical Methods and Their Meaningfulness in Keratin Research. Melliand Textilfiber. 11, 1990, pages 902-904

Stewart R G, Wool scouring and Allied Technology, Wool Research Organisation of New Zealand, Third Ed., 1988.

Taherpour, N., and F. Mirzaei. 2012. Wool characteristics of crossbred Baghdadi wild ram and Iran native sheep. *Agricultural Sciences* 3: 184–186.

Tatham, W. Ltd. (1991). *Dehairing.* Lancashire, UK.

Tester, D.H. Fine Structure of Cashmere and Superfine Merino Wool Fibres. Textile Research Journal, 57, 1987, pages213-219.

Tonin C., M. Bianchitto, C. Vineis and M. Festa Bianchet, Differentiating fine hairs from wild and domestic species: investigation of shatoosh, yanguir and cashmere fibers. Textile Research Journal, 72, 2002, page 701.

Townend, P.P., Smith, P.A. and Lam, C.H. (1980). The dehairing process with special reference to the llama fibre. *Proc. 6th Int. Wool Textile Res. Conf.* **3**, 533-549.

Trollip N. G., and Bereck, A. SAWTRI Technocal Rep No. 595, 1987.

Trollip, N. G., Maastdrop, A. P. B., and Rensburg, N. J. J., A Study of the Mordant Bleaching of Karakul Wool. Proc. Int. Wool Textile Res. Conf., Tokyo. Vol. IV. 1985, pp.130-140

Tsuji Y., M. Uemura, T. Kawasoe, T. Okuda, H. Mizutani. Stiffness and keratose composition of hair. 10th international wool textile research conference, DWI, Aachen, November 2000, HH-4

Tucker P A, Scale heights of chemically treated wool and hair fibers. Textile Research Journal, 1998, 68, page 229.

Tucker, D.J., A.H.F. Hudson, D.E. Rivett and R.I. Logan, The Chemistry of Specialty Animal Fibres, Proc. Second Inter. Symp. on Speciality Animal Fibers. Aachen, october 1990, pages1-19.

Tucker, D.J., Hudson, A.H.F., Ozolins, G.C. Rivett, D.E. and Jones, L.N., Some Aspects of the Structure and Composition of Specialty Animal Fibres. Proc. First Inter. Symp. on Specialty Animal Fibres, Aachen, Octobre 1988, pages71-103.

Ukhnaa Sarangoo. Etude des propriétés physiques et mécaniques de la fibre de cachemire. Mémoire de DEA de ENSITM de Mulhouse, 22 juin 2001

Van Der Westhuyesn, J. M., Wentzel, D. and Ggrobler, M. C., 1985.Mohair fibre—the inside story, *Wool Rec.*, 144(3493), 35.

Von Bergen, W. American Wool Handbook Co. New-York Textile fibers Atlas 1942, Chapter: Specily hair fibers. Pages 696-700

Wang L. et Wang X. Diameter and strength distributions of merinos wool in early stage processing. Textile Research Journal, N° 68(2), 1998, pages 87 – 93

Wang L.J., Singh, A. and Wang, X.G. (2007). Dehairing Australian alpaca fibres with cashmere dehairing technology. *J. Tex. Inst.* **99**, 539-544.

Wang Y. Analysis and enhancement of carding and spinning. NTC Project: F01-GT06 (formerly F01-G06). National Textile Center Annual Report: November 2002. RIRDC Research Paper Series No 93/2. (RIRDC: Canberra).

Wang, L.J., Singh, A. and Wang, X. (2008). A study on dehairing Australian greasy cashmere. *Fibers and Polymers* **9**, 509-514.

Wang, X., Lin, T. and Tsuzuki, T. (2008). *Value Adding to Australian Cashmere Fleece.* ARC Linkage Grant LP0883666 (2008 – 2010). Deakin University, Geelong, Victoria, Australia.

Wang, X., Wang, L., and Liu, X. (2003). The *quality and processing performance of alpaca fibres.* RIRDC Publication No 03/128. RIRDC, Canberra, ACT, Australia.

Watson, M. T. et Martin, E. V. Some Tensile Properties of Specily Hair Fibers.Textile Research Journal, Vol 36, n° 971, 1966, pages 1112-1113.

Whiteley, K. J., and Kaplin, I. J. The Comparative Arrangement of Microfibrils in Ortho, Meso and Paracortical Cells of Merino Wool Fibers. Journal of Textile Institute 11, 1977, pages 384-386

Wildman, A.B. The Microscopy of Animal Textile Fibres. Leeds, WIRA, 209, 1954.

Wolfram, L. J., Hall, K. and Hui, I., The Mechanism of Hair Bleaching, J.Soc. Cosmet. Chem. 21, 875-900 (1970)

Wortmann F.-J. and H. Zahn. The stress/strain curve of α-keratin fibres and the structure of intermediate filament. Textile Research Journal 64(12), 1994, pages 737-743

Wortmann F.-J., Deutz H.J. Journal of Applied Polymer Science. vol.48, 1993, pages 137-150.

Wortmann F.-J., Deutz H.J. Thermal analysis of ortho and para-cortical cells isolated from wool fibers. Journal of Applied Polymer Science. 68, 1998, pages 1991-1995.

Xungai Wang, Jjhn Curiskis, Jeff Zhou. Australian Mohair ; Processing Performance and fabric Properties. RIRDC Publication No 99/139, October 1999.

Yan, K., Hocker, H., and Schafer, K., Handle of Bleached Knitted Fabric Made from Yak Hair. Textile Res. J. 70, 734-738 (2000).

Yasuaki Seki, Matthew S. Schneider, Marc A. Meyers. Structure and mechanical behavior of a toucan beak Acta Materialia 53, 2005, pages 5281–5296

Printed by Books on Demand GmbH, Norderstedt / Germany